艺术设计
ARTDESIGN

高等院校艺术学门类「十三五」规划教材

家具设计（第二版）

JIAJU SHEJI

主 编　任康丽　李梦玲

副主编　罗维安　徐　琳　肖剑锋　聂泽仙　周非凡

参 编　周丽华　张海兰　李芳丽　吴传景　陈宇哲

侯丽阳　刘小艳　赵晟媛　郑蓉蓉　熊　莎

华中科技大学出版社
http://www.hustp.com
中国·武汉

内 容 简 介

  本书在编写过程中着重考虑艺术设计专业学生对教材的需求。在编写中力求把握知识的系统性和准确性。本书从家具发展的历史、家具设计的分类、家具设计的造型基础、家具的构造形式、家具设计师的创意与表达等方面综合讲解，对家具设计的专业基础知识、基本原理和设计方法分析翔实。家具设计关系到人们每天的工作和生活，是人类社会文化的缩影，并成为艺术与技术完美结合的载体。本书以设计师的视角去看待当代家具设计在室内外环境艺术设计中的关联作用与重要影响，通过家具了解历史，感知生活、体会文化。

  本书的特点在于通过大量不同风格的家具图片使读者对中外各个时期、各个地区的家具有一个比较清晰的直观认识，同时通过大量的家具设计草图引导读者在家具设计创意过程中注重创新与实践，从而提升设计的合理性与艺术性。

图书在版编目(CIP)数据

家具设计/任康丽,李梦玲主编. —2 版. —武汉：华中科技大学出版社,2016.4（2024.1重印）
高等院校艺术学门类"十三五"规划教材
ISBN 978-7-5680-1015-3

Ⅰ.①家…　Ⅱ.①任…　②李…　Ⅲ.①家具-设计-高等学校-教材　Ⅳ.①TS664.01

中国版本图书馆 CIP 数据核字(2015)第 148203 号

家具设计（第二版）

任康丽　李梦玲　主编

策划编辑：彭中军
责任编辑：彭中军
封面设计：龙文装帧
责任校对：何　欢
责任监印：张正林
出版发行：华中科技大学出版社（中国·武汉）
　　　　　武昌喻家山　　邮编：430074　　电话：(027)81321913
录　　排：龙文装帧
印　　刷：湖北新华印务有限公司
开　　本：880 mm×1230 mm　1/16
印　　张：8
字　　数：245 千字
版　　次：2024 年 1 月第 2 版第 5 次印刷
定　　价：49.00 元

（第二版）前言

Furniture Design（The Second Edition）

PREFACE

　　家具设计是艺术设计专业的一门专业基础课，也是室内设计专业的必修课。学习、掌握家具设计的历史可以深化对室内设计史和艺术史的理解。作为一名合格的设计师，在策划、设计和改良家具产品方面都应具有家具设计的系统知识，以便展示室内设计方面丰富的专业知识和独到的艺术审美修养。通过本书的学习可以使读者全面了解中外家具的风格与流派，在设计项目中运用家具设计的知识快速配置和协调室内空间的整体氛围。设计师专业素养的体现从家具的选择开始，在赋予空间完美的情感表达与体验的同时，家具所带给人的感受不再仅仅是功能上的需求，而是文化和情感的共鸣及环境中整体氛围的协调与统一。通过本书对家具设计类型与结构的讲解，读者可以从室内设计空间的整体性去思考，在运用家具造型与结构之间的合理关系和美学原则的基础上，增强对室内设计知识整体的、宏观的、全面的把握，这样才能设计出功能完善、结构完整、美感突出、具有时代艺术风格的实用家具。

　　家具设计的目的就是制造符合人们生理和心理需求的合意家具。通过对本书的学习，读者能够更加明确这门课程的实践意义，了解家具设计的方法和程序，在以功能家具设计为核心的设计过程中，自然感受空间及其环境对家具设计的影响，掌握家具尺度在空间中的作用。家具设计的含义应当是开放的，它的属性不仅仅局限于其独立的单体设计，还应延展到整个室内空间的设计及室外环境景观空间的设计中。家具设计是构成人类居家环境系统构思设计中的重要组成部分，并为满足特定环境的使用要求服务。

　　本书在编写过程中，从纵向上来讲，收集了不同历史时期大量家具设计的经典图片，将家具的历史性、延展性，以及流派和风格特征等准确、明晰地表达出来；从横向上来讲，又将同一历史时期的不同地域、不同国家、不同民族的家具设计的艺术风格及样式准确地展现出来。

　　本书设置了让读者参与家具设计的章节，引导读者运用家具设计的全面知识，有效地将有关家具设计的创造性思维有步骤、有计划地付诸实践，从而提高读者的艺术创造力。

编　者

2015 年 7 月

目录 CATALOG

第一章
外国古典家具

FOREIGN CLASSICAL FURNITURES

Furniture
Design（The Second Edition）

1. 古埃及家具

古埃及（公元前27世纪—公元前4世纪）是世界四大文明古国之一，创造了灿烂的尼罗河文化，在人类文明史上写下了辉煌的一页。西方古代家具以古埃及家具为开端，亚述和希腊早期家具都曾受到古埃及的影响。古埃及家具的起源可追溯至古埃及第三王朝时期（约公元前2686～公元前2613）。在古埃及第十八王朝图坦阿蒙法老（约公元前1358～公元前1348）的陵墓中，已有了十分精致的床、椅和宝石箱等家具。古埃及家具造型严谨、工整，家具腿部常采用模仿牛蹄、狮爪等兽腿形式的雕刻装饰。家具表面经过油漆和彩绘，或用彩釉陶片、石片、螺钿和象牙作镶嵌装饰。

古埃及家具的装饰纹样多取材于尼罗河两岸的动植物，如莲花、芦苇、伞莎草、鹰、羊、蛇等。家具的材料主要是杉木，其次是黑檀木。椅凳的座面用皮革和亚麻绳等材料加固和装饰。其家具结构也常常采用卯榫、搭接结构，木钉和金属件也普遍使用。古埃及家具在工艺技术上达到了很高的水平。从古埃及的壁画中可以发现，当时的工匠已经可以熟练地使用锯、斧、刨、凿、弓、椎、刀、磨石等工具，金箔制造术、包金术、镶嵌法等加工技术也十分成熟。

古埃及家具的装饰色彩也颇具特色，与其古埃及壁画一样，除金、银、象牙、宝石的本色外，多采用红、黄、绿、棕、黑、白等颜色。古埃及的家具给后世家具的发展奠定了坚实的基础，其家具无论从质量还是数量上都可称得上是西方古代家具最优秀的楷模（见图1-1至1-5）。即便是在现代化的今天，从古埃及家具的研究中设计师们仍可得到许多有益的启示。

图1-1 古埃及壁画中家具与室内的陈设

图1-2 古埃及墓室内的壁画图案

图1-3 古埃及的传统图案

图1-4　古埃及的传统柱式　　　　　　　　图1-5　古埃及传统图案在现代家具中的运用

2. 古希腊家具

古希腊（公元前11世纪—公元前1世纪）是欧洲文化的发源地，以雅典卫城建筑群为代表，其建筑水平达到了高峰。古希腊建筑反映了平民文化的胜利和民主的进步。木建筑逐渐向石建筑的过渡和建筑柱式的演进在古希腊建筑中得到了深刻体现。以下三种经典建筑样式是永恒的柱式语言：陶立克柱式（doric order）、爱奥尼克柱式（ionic order）和科林斯柱式（corinth order）。它们已成为人类建筑中的艺术精品。利用柱式结构形式设计家具腿部造型已成为古希腊人对座椅设计的一种流行样本，这种设计方式在西方家具设计中一直沿用到17世纪。图1-6中，躺椅造型精美，符合人体的躺卧姿势，并带有条形靠垫，椅子的腿部造型为爱奥尼克柱头的简化形式，在躺椅的腿部还有狮子、公牛、蛇等图案雕刻。躺椅前面的小桌三腿为狮子的脚趾造型。躺椅的右侧还有一个X形结构的椅子，上面铺有豹子的皮毛作为垫子。图1-7所示的是建筑柱子与椅子的腿部设计对照。图1-8为17世纪早期被称为Farthingale的椅子，其腿部设计仍是柱式的。

古希腊家具与古希腊建筑一样，既具有平民化的特点，又具有简洁、实用、典雅等众多优点。古希腊家具，尤其是坐椅的造型呈现优美的曲线和自由活泼的趋向，让人感觉舒适。家具的腿部常采用建筑的柱式造型，并采用旋木技术，推动了家具工艺的发展。遗憾的是，繁荣的古希腊没有为今天留下一件家具实物，只能在古希腊的石雕和彩陶瓶的图案上看到其造型。如图1-9所示，古希腊陶器上的家具图案，上面分别有动物腿部造型的脚踏、三条腿的椅子和可让多人入座的长凳。在《荷马史诗》中也有关于家具的描写，不仅提到了镀金、雕刻、上漆、抛光、镶接等工艺技术，而且列举了桌、长椅、箱子、床等不同类型的家具。在这些家具的表面通常绘有忍冬草、月桂、葡萄等装饰纹样。古希腊家具是欧洲古典家具的发源地之一，它体现了功能与形式的统一，线条流畅、造型庄重，为世人所推崇。

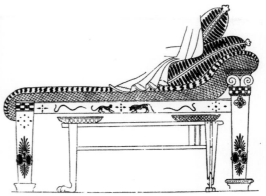

图1-6　公元前490年古希腊陶器上的家具图案

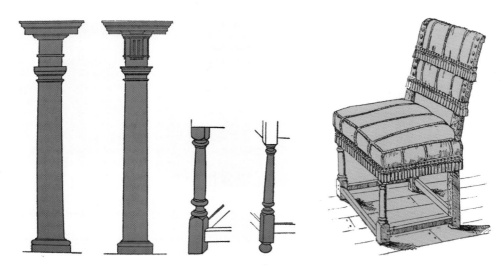

图 1-7　建筑柱子与椅子的腿部设计对照　　　　图 1-8　被称为 Farthingale 的椅子

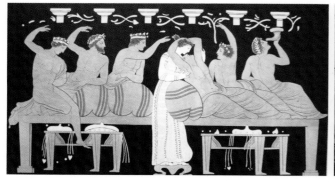

图 1-9　古希腊陶器上的家具图案

　　古希腊家具中最为杰出的代表是 Klismos 椅（见图 1-10）。椅子的造型采用曲线，这种曲线不但外观优美而且从力学的角度和舒适程度上都是非常科学的。弯曲的椅背弧度与人的脊椎相吻合，椅子在肩膀的高度处有弯曲的靠背，使人的肌肉得到充分的放松。还有曲形的腿支撑着编织物组成的底座。在造型上它与古埃及家具的僵直线条形成了强烈鲜明的对比。这种椅子的造型在古希腊的浮雕和陶器上可以发现，而且多是女性坐于椅上，因此这种椅子被历史学家称为"女性的椅子"。当代很多设计师也设想并再创造出新的 Klismos 椅子的造型，用现代材料进行加工，使得 Klismos 椅子在当代家具设计中也占有一席之地，受到大众的欢迎，如图 1-11 至图 1-13 所示。

图 1-10　古希腊雅典石碑　　图 1-11　ThomasHope 所想　　图 1-12　美国设计师设计的　　图 1-13　现代 Klismos
　　　　　上的 Klismos 椅　　　　　　　象的 Klismos 椅　　　　　　　　现代 Klismos 椅　　　　　　椅的背面设计

3. 古罗马家具

古希腊晚期的建筑与家具风格由古罗马（公元前5世纪—公元5世纪）继承。在古罗马人的推动下，达到了奴隶制时代建筑与家具艺术的巅峰。古罗马家具受到了古罗马建筑造型的直接影响，其造型坚厚凝重，采用战马、雄狮和胜利花环等作为装饰与雕塑题材，形成了古罗马家具的男性艺术风格。在今天的古罗马壁画和考古实物中可以看到当时的家具造型（见图1-14和图1-15）。古罗马家具最突出的特点体现在对青铜的使用上。当时的家具铸造工艺已经达到了令人惊叹的地步，家具的腿部弯曲处的背面都被铸成空心，这不但减轻了家具的重量而且增加了家具腿部的强度。当时的家具除使用青铜和石材外，木材也被大量使用。在工艺上，旋木细工、格角榫木框镶板结构也开始使用。桌、椅、灯台及灯具的艺术造型与雕刻、镶嵌装饰已达到很高的技术水平（见图1-16至图1-18）。

图1-14　罗马壁画中的圆环及锥形椅腿

图1-15　形态特殊的锥形椅腿还原图

图1-16　庞贝古城中发现的三脚支撑青铜烤火盘

图 1-17　弧形的青铜躺椅

图 1-18　狮形腿的大理石桌

4. 哥特式家具

12 世纪后半叶，哥特式建筑(Gothic Architecture)在西欧以法国为中心兴起，并逐渐扩展到欧洲各基督教国家，到 15 世纪末达到鼎盛。这一时期是欧洲神学体系成熟的阶段，哥特式的教堂使宗教建筑的发展达到了前所未有的高度，最典型的代表有法国的巴黎圣母院、英国的坎特伯雷大教堂、西班牙的巴塞罗那教堂和德国的科隆大教堂。高耸的尖拱、多彩的玫瑰玻璃窗、成群的簇柱、层次丰富的浮雕，把人们引向虚幻的天空并引发人们对天堂的憧憬。

受哥特式建筑的影响，哥特式家具（公元 12 世纪—公元 16 世纪）同样采用尖顶、尖拱、细柱、垂饰罩、浅雕或透雕的镶板装饰，以刚直、挺拔的外形与建筑形象相呼应，尤其是哥特式椅子（主教坐椅）更是与整个教堂建筑与室内装饰风格相一致（见图 1-19 至图 1-23）。

哥特式家具的艺术特色还体现在精致的雕刻装饰上，每件家具都有规律的划分成多个矩形，内部布满藤蔓、花叶、根茎或几何图案。这些图案大多具有宗教含义，如"三叶式"象征着基督教中的圣父、圣子、圣灵的三位一体，"四叶式"象征着四部福音。哥特式家具中发展最快的是立柜，采用矩形结构，带有抽屉和垂直方向开启的门。铜质铰链和金属附加铆钉使家具较过去更为轻巧，桌面也因五金件的发展出现了活动式的（见图 1-24）。

图 1-19　哥特式风格的椅子

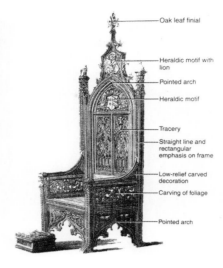

Oak leaf finial

Heraldic motif with lion

Pointed arch

Heraldic motif

Tracery

Straight line and rectangular emphasis on frame

Low-relief carved decoration

Carving of foliage

Pointed arch

图 1-20　哥特式宝座　　　　　　图 1-21　哥特式风格的教皇座椅

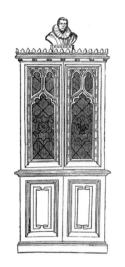

图 1-22　哥特式风格的柜子　　　图 1-23　具有哥特式风格的面盆设计　　图 1-24　哥特式风格的活动式桌子

5. 文艺复兴时期的家具

　　文艺复兴时期是指 14 世纪到 16 世纪西欧与中欧国家在文化艺术发展史中的一个重要历史时期。它是继古希腊、古罗马后的欧洲文化史上的第二个高峰。"文艺复兴"的原意是"在古典规范的影响下，艺术与文学的复兴"。但此时的西方家具也受文艺复兴思潮的影响，在哥特式家具的基础上吸收了古希腊、古罗马及东方中国家具的特点，从而形成了文艺复兴风格的家具。

　　文艺复兴早期的家具是高雅的，以其造型设计的简朴、庄重、威严而著称，具有纯美的线条和协调的古典式比例。文艺复兴中期的家具仍然可见其早期的简朴和宗教的威严，且图案更加优美、精细，比例进一步完善。此时在意大利的罗马开始出现并逐渐流行起以自然界木材为基材进行丰富的深浮雕装饰的风格，并将其镀成金色。文艺复兴后期又被称为"样式主义"时期，家具常用深浮雕和圆雕，偶而采用镀金进一步增加雕刻图案的精美性。图案采用的是纹章、战袍、盾形纹章、刻扁、涡卷饰、奇异的人像和女像柱，忽略了构图完善的古典比例，雕刻图案高出平面而脱离了家具本身造型的完整性要求，开始应用灰泥模塑细工装饰，并把哥特式的窗格装饰结合到家具中，形成一种综合的视觉效果。此外，文艺复兴时期的家具主要以栎木、胡桃木和桃花芯木为主，家具表面常用坚硬的石膏花饰或不同色彩的木材进行拼花装饰。到 16 世纪时盛行用抛光的大理石、玛瑙、玳瑁和金银组成花枝和旋涡图案镶嵌在家具上（见图 1-25 和图 1-26）。

图1-25　意大利文艺复兴时期的镶嵌壁画储藏柜

图1-26　文艺复兴时期德国的珍奇柜

6. 巴洛克风格家具

"巴洛克"一词来源于葡萄牙语 barrcco，为珠宝商人用来描述珍珠表面光滑、圆润、凹凸不平、扭曲的特征用语。巴洛克艺术首先是从建筑和家具设计上反映出来的，一反文艺复兴时期艺术的庄严、含蓄、均衡，而追求豪华和浮夸的表面效果。

巴洛克风格家具（公元17世纪—公元18世纪初）以浪漫主义精神为出发点，富有亲切柔和的情感，呈现跃动型装饰样式，以烘托宏伟、生动、热情、奔放的艺术效果。巴洛克家具摒弃了对建筑装饰的直接模仿，舍弃了将家具表面分割成许多小框架的方法以及复杂、华丽的表面装饰，而是将富有表现力的细部相对集中，简化不必要的部分而改成重点区分，加强整体装饰的和谐效果，彻底摆脱了家具设计一向从属于建筑设计的局面。巴洛克家具在表面装饰上，除了精致的雕刻之外，金箔贴面、描金填彩涂漆以及细腻的薄木拼花装饰亦很盛行，以达到金碧辉煌的艺术效果（见图1-27至图1-30）。

图1-27　英国巴洛克风格的书柜兼写字台

图1-28　书柜内大小不同的隐藏抽屉和隔板

图1-29　法国巴洛克风格黄铜镀金玳瑁抽屉柜　　图1-30　法国巴洛克风格玳瑁镶嵌乌木写字桌

7. 洛可可风格家具

洛可可（rococo）一词来源于法语rocaille和coqtille，简称rocaille，意为贝壳形，意大利人称之为rococo。洛可可艺术是18世纪初在法国宫廷形成的一种室内装饰及家具设计手法，流传到欧洲其他国家后成为18世纪流行于欧洲的一种新兴装饰及造型艺术风格。

洛可可风格最显著的特征就是以均衡代替对称，追求纤巧与华丽、优美与舒适，并以贝壳、花卉、动物作为主要装饰图案，在家具造型上以优美的自由曲线和精细的浮雕和圆雕共同构成一种温婉秀丽的女性化装饰风格，与巴洛克风格的方正宏伟形成一种风格上的反差和对比。

洛可可式家具（18世纪初—18世纪中期）以回旋曲折的贝壳形曲线和精细纤巧的雕饰为主要特征，将最优美的形式与尽可能的舒适效果巧妙地结合在一起，弯脚成了当时唯一的形式（见图1-31）。家具表面装饰以贝壳镶嵌和沥粉镀金为主，每种雕饰都显得华丽而高贵。洛可可式家具在涂饰上模仿中国的做法，漆成光泽明亮的黑、红、绿、白、金等颜色，产生了金碧辉煌的色彩效果（见图1-32），但也有保持木材本色做法的，用料多为胡桃木、红木等。但是，洛可可风格发展到后期，其形式特征走向极端，曲线的过度扭曲及比例失调的纹样装饰使其逐渐趋向没落。在英国洛可可风格从早期的乔治时期一直延续到齐宾代尔时期。在法国，洛可可风格从摄政王时期一直延续到路易十五时期（见图1-33至图1-37）。

从1840年到1860年，美国兴起了洛可可风格家具潮，其最典型的特色是利用法国路易十五式家具风格结合当时人们喜好的家具比例关系来进行制作，将精细的写实雕刻在家具上。当时最为著名的家具制作者是纽约的约翰·亨利·贝尔特（John Henry Belter），他设计的椅子注重在椅背上雕刻复杂而具有象征意义的花纹图案，如图1-38所示。

18世纪初的英国乔治王统治时期是家具设计的黄金时期（1714—1837年），英国家具受到了洛可可风格的影响并吸收了当地民间家具和东方艺术的精髓，形成了具有英国特色的洛可可风格家具，并造就了一位影响整个家具设计领域的大师——齐宾代尔（Thomas Chippendale，1718—1779年）。他是英国18世纪中叶乔治王朝四大家具设计师之一。他设计创作了一系列背板采用薄板透雕技术、造型上用对比强烈的曲线并融洛可可式、哥特式为一体风格的家具。他将不同地域的设计风格融入椅子的设计中，如在椅子背部和坐垫部分用带有波斯文化及亚洲文化的图案进行斜刺绣处理（见图1-39至图1-41）。他是世界上第一位名字被用来命名家具样式的家具大师。

齐宾代尔式坐椅还运用中国的回纹和窗格图案作为椅背的装饰，这使得透雕细木的椅背成为齐宾代尔式家具的典型特征。它的椅背设计可分为三种典型样式，即立板透雕成提琴式（见图1-42），缠带曲线式（见图1-43），中国窗棂式（见图1-44至图1-46）。

图 1-31　英国乔治一世时期的对椅

图 1-32　英国乔治一世时期的涂黑漆描金书柜

图 1-33　英国乔治二世时期的桌案

图 1-34　乔治二世时期的扶手椅

图 1-35　乔治二世时期的鎏金镜

图 1-36　乔治三世时期的木质涂金扶手椅

图 1-37 法国路易十五时期的大理石台桌

图 1-38 美国洛可可风格的红木儿童椅

图 1-39 齐宾代尔式对椅

图 1-40 齐宾代尔式扶手椅

图 1-41 波斯挂毯图案作为椅面的主要装饰

图 1-42 竖琴图案的齐宾代尔式椅子(提琴式)

图1-43　齐宾代尔式中式风格椅
（缠带曲线式）

图1-44　中西结合的齐宾代尔式椅子
（中国窗棂式）

图1-45　中西结合的齐宾代尔式
椅子（中国窗棂式）

图1-46　齐宾代尔式中式扶手椅与西式室内陈设的
综合（中国窗棂式）

　　他设计的橱柜顶部多采用山形或涡线形作檐帽，并饰以纤细的忍冬叶或其他雕刻纹样，使用的材料以胡桃木和红木为主。这位家具大师先后出版的三本家具图册奠定了他在家具史上的权威地位。齐宾代尔式家具风格在1760—1780年风行美国，甚至在美国费城还开设了齐宾代尔家具学校，因此费城就成为了美国齐宾代尔式家具的制作中心。

8. 新古典主义风格家具

　　新古典主义风格是经过改良后的古典主义风格。18世纪后期欧洲的新古典主义运动是为反对巴洛克风格和洛可可风格的过度装饰而开始的。人们希望有简朴、有序、平静的生活，在室内设计中偏爱直线造型、对称造型及浅浮雕的装饰。18世纪晚期—19世纪，新古典主义风格家具的主要特点是放弃了洛可可式家具上过分矫饰的曲线和华丽的装饰，家具设计采用合理的结构和简洁的形式。家具结构的重点放在水平线和垂直线的处理上，强调结构的合理性。无论是圆腿还是方腿，都是上粗下细并且带有类似罗马柱的槽饰线，这样不仅减少了家具的用料而且提高了腿部的强度，同时获得了一种明晰、轻巧的美感。英国新古典主义风格的代表人物George Hepplewhite设计的桃花心木餐柜桌如图1-47所示。

新古典主义风格装饰，如羊头、卷叶饰、花瓶、镶嵌的涡卷大量应用在隔板的边部、柱头、垂花饰和望板上。许多房间里用的家具是镀金的，用得最多的地方是起居室。镀金工艺同时采用油性的和水性的两种（见图1-48）。

图1-47　桃花心木餐柜桌

图1-48　英国早期新古典主义风格的椅子

新古典主义风格的家具，在雕刻材料及饰面单板上多运用桃花心木、椴木、染色槭木。作为一种装饰技艺，镶嵌木工工艺在这一时期也再度流行，其装饰的部位常与室内墙壁和天花板上拉毛粉饰的阿拉伯式图案相呼应，各种色泽的木材混合在一起产生一种优雅的效果，以便与室内装饰的格调相匹配。这一时期镶嵌与彩绘技艺常用在同一件家具上。有时，直接在家具的表面上彩绘，有时会在铜箔上彩绘然后再嵌到家具表面。

镜子也是新古典风格家具中的重要组成部分并占有突出的地位，其中有两种类型最值得注意。一种是椭圆形的镜面，镜框雕有复杂的装饰图案，包括穗形、瓮形和斯芬克斯装饰等；另一种是三分镜，中间一面镜子较高、较宽，两边各有一面镜子，较窄、较低。镜子两边一般雕刻有穗饰、棕叶饰，在顶部装饰着丘比特和叶状涡卷。

在英国新古典主义风格早期以威廉·钱伯斯（Sir William Chambers）、乔治·赫普尔怀特（George Hepplewhite）、罗伯特·亚当（Robert Adam）和托马斯·谢拉顿（Thomas Sheraton）的个人风格为代表。他们设计的家具如图1-49至图1-53所示。这些家具的整体风格表现出规整、优美，带有古典式的朴素之美。赫普尔怀特和谢拉顿将家具世俗化，使家具从贵族阶层走向市民阶层。英国的新古典主义的后期，受到法国执政内阁式和帝政式的

图1-49　George Hepplewhite设计的盾形椅

图 1-50 Robert Adam 设计的扶手椅

图 1-51 Thomas Sheraton 设计的床

图 1-52 Thomas Sheraton 设计的书桌

图 1-53 Thomas Sheraton 设计的椅子

影响，表露出一种试图从考古意义上真正再现古希腊、古罗马装饰的倾向。古希腊家具的简朴结构、古罗马大理石和青铜制品的豪华形态及装饰在英国新古典主义家具上巧妙地统一起来，形成一种古代型的折中样式。博物馆中收藏的英国市长官邸中的红色缎面长沙发能够充分体现这种风格特色，在沙发的扶手和靠背的结构处都雕刻着古希腊和古罗马的装饰图案，如棕榈叶和狮子头像，它们象征着权力和财富（见图 1-54 至图 1-56）。

法国新古典主义风格家具可以在路易十六时期的家具、执政内阁时期的家具、帝政时期的家具及拿破仑三世时期的家具中发现（见图 1-57 至图 1-62）。

图 1-54　英国 18 世纪市长官邸尼罗河套间中的山毛榉刷漆仿红木长沙发

图 1-55　长沙发顶部棕榈叶镀金装饰

图 1-56　细部雕刻为狮子头像及狮爪

图 1-57　法国新古典主义风格的甜点小桌

图 1-58　法国路易十六时期的早期新古典主义风格的套椅

图 1-59　法国路易十六时期的中式风格漆器柜

图 1-60　法国路易十六时期的长沙发

图 1-61　法国帝政时期的皇室座椅

图 1-62　法国帝政时期的皇室专用柜

第二章
外国近现代家具

FOREIGN MODERN FURNITURES

Furniture
Design（The Second Edition）

第二次世界大战以前的家具设计

1. 曲木家具

米歇尔·托耐特（Michael Thonet）生于莱茵河畔的工匠之家。他创造的曲木家具成为现代家具设计的代表作。他第一个用实干精神解决了机械化生产与手工艺设计之间的矛盾，首次实现了家具的工业化生产。他的主要成就是采用蒸气模压成型技术研制出了曲木家具，用化学、机械法弯曲脆材制造家具并获得了专利。1840 年他设计的轻巧雅致的椅子获得成功。1859 年他推出了著名的"14 号椅子"（也称维也纳椅，Vienna Chair）。这是托耐特家具史上最有代表性的作品，这一样式看上去已简化到了无法再简化的程度（见图 2-1）。该椅子以配件的形式成套供应，在指定的地方进行装配。由于其轻巧耐用，到 1930 年"14 号椅子"已累计生产了 5 000 万件，目前仍在继续生产。整把椅子由 6 根直径为 3 厘米的曲木和 10 个螺钉构成，易于自行组装，其优雅的曲线和纤巧的形体，给人以轻巧的视觉感受。1860 年托耐特又设计生产出"7027 号曲木摇椅"，这种椅子打破了千百年来椅子设计的"不动"原则，将"动"的观念融入其中。可以说，这些作品是灵活应用曲线造型的典范（见图 2-2）。托耐特曲木家具最大的特点是物美价廉，适合大批量生产。另外曲木椅便于运输，各构件之间易于拆装，从而节省运输空间。曲木家具除使用天然材料外，薄板层压弯曲，模压成型材料、新工艺也广为应用。曲木家具同其他家具相比，具有结构简单、轻巧美观、线条流畅、曲折多变的特点，在现代室内空间的装饰设计中也有很多运用（见图 2-3）。

图 2-1　带曲木靠背的维也纳椅　　　　图 2-2　Michael Thonet 设计的　　　图 2-3　曲木家具在现代室内空间中的运用
　　　　　　　　　　　　　　　　　　　　　　　曲木扶手摇椅

2. 工艺美术运动时期的家具

"工艺美术运动"（Art & Crafts Movement）主要是英国的艺术运动，1888 年由莫里斯倡导。这一运动的基本思想在于改革过去的装饰艺术，并以大规模的、工业化生产的廉价产品来满足人们的需求，因而，它标志着家具从古典装饰走向了工业设计。随着莫里斯装饰公司的开创性工作及其影响的不断扩大，10 年后这一新思想便传播到了整个欧洲，并导致"新艺术运动"（Art Nouvean）的兴起。

　　家具设计是受工艺美术运动影响最大的领域，其中以威廉·莫里斯（William Morris）的设计作品为代表。莫里斯设计的椅子系列成为当时流行的家具样本（见图2-4）。至今有很多艺术家仍在利用一些绿色环保材料仿造莫里斯的靠背扶手椅（见图2-5至图2-7）。

图 2-4　莫里斯家具设计作品

图 2-5　仿莫里斯设计的椅子　　　图 2-6　椅子扶手局部　　　图 2-7　椅子的侧立面局部

　　在工艺美术运动中，家具设计提倡从大自然中汲取营养，而不是盲目地抄袭旧有的样式，使用传统自然材料并忠实于材料本身的特点，体现材质本身固有的特性。除莫里斯外，一批著名的设计师，如英国的查尔斯·F.A.沃塞（Charles F.A.Voysey）运用橡树木料设计家具，体现了简洁而质朴的风格，没有过多虚饰的结构，偶尔采用黄铜或红铜作装饰，并注重材料的选择和搭配。又如美国设计师古斯塔夫·斯提格利（Gustar Stickley）设计的家具，对东方风格特别眷恋，在他的设计中融入了中国明代家具的元素，无论是装饰细节、木结构方式还是金属构件上都充分体现着东方文化。

3. 新艺术运动时期的家具

"新艺术运动"是1895年在法国兴起的，波及整个欧洲，致力于寻求一种丝毫也不从属于过去的新风格。"新艺术运动"是以装饰为重点的个人浪漫主义艺术，以表现自然形态的美作为自己的装饰风格，从而使家具像生物一样富有活力。"新艺术运动"的主要代表人物有法国的埃克多·基马（Hector Guimard）和比利时的亨利·凡·得·维尔德(Henry Van de Velde)等。他们的作品虽然有些过于浪漫，而且因不适于工业化生产的要求被最终淘汰，但却使人们懂得应当从对古典的模仿中解放出来。此外，西班牙的安东尼·高迪（Antonio Gaudi）和英国的设计师查尔斯·雷尼·麦金托什（Charles Rennie Mackimtosh）也是新艺术运动时期的代表人物。高迪设计的作品如图2-8和图2-9所示。麦金托什作为一个杰出设计家，在家具设计方面利用简单的纵横线条形成家具的整体感，特别是他设计的靠背椅，完全采用黑色的造型，非常夸张，完全摆脱了一切传统形式的束缚，也超越了对任何自然形态的模仿。建筑师高迪的家具设计运用新艺术运动的有机形态、曲线风格的椅子，具有与众不同的造型特征，很符合现代的设计思想（见图2-10至图2-15）。

图2-8　高迪设计的扶手椅

图2-9　高迪设计的双人扶手椅

图2-10　麦金托什设计的弧形靠背椅

图2-11　麦金托什设计的桌子

图 2-12　长靠背椅　　　　图 2-13　格子靠背椅　　　图 2-14　线条型长靠背椅　　　图 2-15　长靠背椅在餐厅中的运用

4. 德意志制造联盟时期的家具

"德意志制造联盟"（Deutscher Werkbund）是由德国建筑师赫尔曼·穆特休斯（Herman Muthesius）倡议，于 1907 年 10 月在慕尼黑成立的协会。其最初成员有 12 名建筑师和 12 家制造厂商。建筑师包括彼得·贝伦斯（Peter Behrens，他设计的作品如图 2-16 所示），约瑟夫·霍夫曼（Josef Hoffman，他设计的作品如图 2-17 所示），布鲁诺·保罗（Bruno Paul）等人。

图 2-16　Peter Behrens 设计的枫木镶嵌柜　　　　图 2-17　Joseph Hoffmann 设计的沙发

穆特休斯曾到过伦敦，因而受到莫里斯公司及"工艺美术运动"的深刻影响。他主张"协会的目标在于创造性地把艺术、工艺和工业化联合在一起，并以此来扩大其在工业化生产中的影响"。他肯定机器生产的进步意义，主张艺术与技术、审美与应用的结合，家具设计必须同时具有艺术、文化和经济的意义，并明确指出机械化与手工工艺的矛盾可以通过艺术设计来解决。"德意志制造联盟"的实践活动在欧洲引起了相当大的反响，并导致了 1910 年奥地利工作联盟、1913 年瑞士制造联盟和 1915 年英国工业设计协会的成立。它标志着现代主义设计运动的开端。"德意志制造联盟"曾于 1937 年被纳粹当局关闭，1947 年恢复活动。

制造联盟的设计师为工业社会进行了广泛的设计，如餐厅、家具及轮船内部的设计等。1907 年雷迈斯克米德设计了一套客厅及卧室的家具，被称为"机器家具"。其特点是无装饰、构件简单、表面平整，能适应机器化批量生产的需要，同时又体现出一种新的美学价值观。

第二节

第二次世界大战期间的家具设计

1. 荷兰风格派家具设计

1917 年，在荷兰的莱顿成立了一个由艺术家、建筑师和设计师为主要成员的团体。该团体将画家皮耶·蒙德里安（Piet Mondrian）和特奥·凡·杜斯博格（Theo van Doesburg）在绘画中创造的具有清新、自由的风格，以及空间几何构图应用于建筑、室内和家具设计中，并以创始人凡杜斯博格主编的美术理论期刊《风格》作为自己学派的名称。风格派接受了立体主义的新观点，主张采用纯粹的立方体、几何图形及垂直成水平的面来塑造形象，色彩选用红、黄、蓝等几种原色。1918 年，格里特·里特维尔德(Gerrit Rietveld)加入这一学派，并设计了其代表作"红蓝椅"和"Z 形椅"（见图 2-18 和图 2-19）。

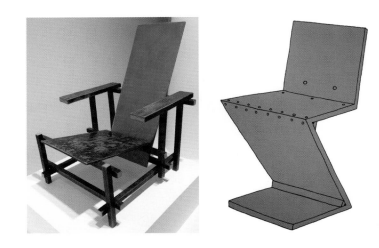

图 2-18　Gerrit Rietveld 设计的"红蓝椅"　　　　图 2-19　Gerrit Rietveld 设计的"Z 形椅"

2. 包豪斯学院家具设计

包豪斯（Bauhaus）学院是德国一所建筑设计学院的简称。它的前身是魏玛艺术学院的魏玛工艺学校，由沃尔特·格罗比乌斯（Walter Groupius）于 1919 年改组成立。该校创立了一整套"以新技术来经济地解决新功能"的教学和创作方法。包豪斯学院的设计特点是注重功能性和易于工业化生产，并致力于形式、材料和工艺技术的统一。包豪斯是现代设计教育的摇篮。包豪斯学院培养了大量的设计师，他们设计的家具运用工业化的材料和简单的造型来体现现代设计的流行趋势。在艺术设计历史上，包豪斯学院出现了很多优秀的设计师，他们设计的家具成为时代的流行样式。如 Marcel Breuer 设计的 Wassily Chair（见图 2-20）、Harry Bertoia 设计的钢管构造椅（见图 2-21和图 2-22）、Charles & Ray Eames 设计的胶合板层压结构休闲椅（见图 2-23）、Gabriele Mucchi 设计的钢管椅（见图 2-24）等。

图 2-20 Wassily Chai 的设计灵感
来自于设计师的脚踏车

图 2-21 Harry Bertoia 钢管构造椅

图 2-22 Harry Bertoia 钢管构造椅
在当代空间设计中的运用

图 2-23 Charles & Ray Eames 设计的胶合板层压
结构休闲椅

图 2-24 Gabriele Mucchi 设计的钢管椅子

　　勒・柯布西埃（Le Corbusier)1887 年生于瑞士，世界著名的建筑师。他早年在法国的一所艺术学院学习。他提出了著名的"建筑五点论"和"建筑是居住的机器"的理论。在他设计的萨伏伊别墅（Villa Savoye）和马赛公寓（Marseilles United Habitation）中出现了标准化的现代组合家具，最著名的是他在 1929 年设计的被称为"休息机器"的一款休闲躺椅（Chaise Longue），利用镀铬材料作为椅子的框架，然后在枕靠部分用小马驹皮作为表面材料，他设计的这类款式的休闲椅至今仍受到众多消费者的喜爱（见图 2-25 和图 2-26）。勒・柯布西埃还设计有在办公空间用得很多的沙发，造型厚重、整体性强，并用钢管做扶手装饰，显得格外别致（见图 2-27 至图 2-29）。

　　路德维希・密斯・凡・德・罗(Ludwig Mies van der Rohe)1886 年生于德国，1926 年他被任命为"德意志制造联盟"副理事长，包豪斯学院的院长。1929 年他受邀设计西班牙巴塞罗那世界博览会中的德国馆，著名的"巴塞罗那椅"由此诞生。巴塞罗那椅是为西班牙国王和王后接见拜访者休息时使用的，椅子为金属框架结构，全手工焊接，坐垫和靠背用皮革缝制，并有滚边的处理，做工十分精细，在巴塞罗那椅之后他又设计了一系列的钢制家具，包括床、沙发、脚凳等（见图 2-30 至图 2-35）。

图2-25　钢管休闲椅

图2-26　钢管休闲椅在室内设计中的运用

图2-27　沙发

图2-28　双人沙发

图2-29　沙发在室内空间中的展示

图2-30　脚凳

图 2-31　巴塞罗那椅

图 2-32　巴塞罗那椅背面结构

图 2-33　巴塞罗那椅椅面局部

图 2-34　巴塞罗那床

图 2-35　巴塞罗那床作为现代更衣空间的座椅

第三节

第二次世界大战之后的家具设计

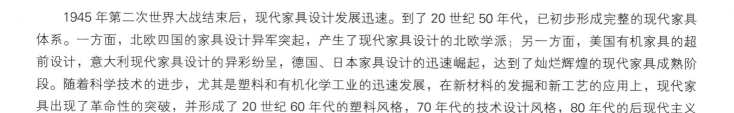

　　1945 年第二次世界大战结束后，现代家具设计发展迅速。到了 20 世纪 50 年代，已初步形成完整的现代家具体系。一方面，北欧四国的家具设计异军突起，产生了现代家具设计的北欧学派；另一方面，美国有机家具的超前设计，意大利现代家具设计的异彩纷呈，德国、日本家具设计的迅速崛起，达到了灿烂辉煌的现代家具成熟阶段。随着科学技术的进步，尤其是塑料和有机化学工业的迅速发展，在新材料的发掘和新工艺的应用上，现代家具出现了革命性的突破，并形成了 20 世纪 60 年代的塑料风格，70 年代的技术设计风格，80 年代的后现代主义风格，进入 90 年代后，随着信息技术的迅速普及，高新技术全面应用于家具行业，为家具业带来了蓬勃的发展机遇。

1. 美国现代家具

第二次世界大战期间，大批优秀的欧洲建筑师和设计师到了美国，无疑对美国的现代设计发展产生了巨大的促进作用。包豪斯的现代设计思想的火花，在美国形成了燎原之势，这对于推动美国现代家具发展，使美国家具走向世界起到了巨大的作用。

1923 年，芬兰建筑师艾利尔·沙里宁（Eliel Saariner）在底特律市郊创办了克兰布鲁克（Cranbrook）艺术学院，创建了既具包豪斯特点，又有美国风格的新艺术设计体系，成为美国现代工业设计的摇篮。一些美国最有才华的青年设计师如伊姆斯、小沙里宁、贝尔托亚等都来自该学院，他们已成为美国工业设计界的中坚力量。艾利尔·沙里宁设计了很多线条简单，而又实用的家具（见图 2-36 和图 2-37）。

图 2-36　书桌

图 2-37　五斗橱

查尔斯·伊姆斯（Charles Eames）是第二次世界大战后美国的一位设计天才。1940 年他与小沙里宁合作，创造了三维成型模压壳体椅，一举夺得 1940 年纽约现代艺术博物馆主办的"有机家具设计大赛"的一等奖。此后，他又设计了层压椅、钢丝椅、DAR 壳体椅、金属脚椅等一系列家具，将一流的设计观念运用到材料、技术和创新的造型之中（见图 2-38 至图 2-40）。

图 2-38　模压壳体椅

图 2-39　椅子

图 2-40　椅子在办公空间的运用

　　埃罗·沙里宁（Eero Saarinen），又称小沙里宁，出生在芬兰，在美国长大。1940 年他和查尔斯·伊姆斯合作制作了很多家具。他用简单的造型和新材料的制作工艺来设计家具，并一直保持着一种创造性的思维。这些都被他称之为"新时代的新精神"。他的作品有郁金香椅和花瓣扶手椅。在他看来对于家具腿部的设计要简洁明快，不宜有过多的装饰（见图 2-41 和图 2-42）。

　　汉斯·诺尔(Hans Knoll)是美国著名诺尔家具公司的创始人，与包豪斯有密切的来往，制作包豪斯设计的作品。第二次世界大战后来到美国，1939 年在纽约设立诺尔家具公司。诺尔公司因为其创造性的设计思维、先进的生产技术和大规模的机械生产方式，逐步成为国际一流的家具公司。图 2-43 为诺尔家具公司设计师里索姆（Jens Risom）设计的休闲座椅。

　　米勒公司（Herman Miller Furniture）是与诺尔公司齐名的家具公司，成立于 1923 年，位于加州，创始人为米勒。该公司起初以生产传统家具为主，1931 年著名家具设计师罗德（Gilbert Rohde）加盟到米勒公司，开始了现代家具的设计和制造。1946 年，著名设计师纳尔逊（George Nelson，其作品如图 2-44 所示）也加盟到米勒公司，成为该公司的新台柱，并设计出一批家具杰作，如著名的椰壳椅、蜀葵椅等。1959 年，纳尔逊设计出 CSS 系列组合家具，开创了板式组合家具的先河。

图 2-41　郁金香椅及其在空间中的展示

图 2-42　花瓣扶手椅和桌子

图 2-43　Jens Risom 设计的休闲座椅

图 2-44　Marshmallow 沙发

米勒公司不仅大量挖掘设计人才，而且不惜重金购买优秀设计作品的知识产权，如欧洲著名设计师潘顿、诺格什、查德威尔、派尔等的设计作品。好的设计作品、正确的经营方针、设计师至上的原则，是米勒公司成功的秘诀。米勒公司制造的聚酯纤维及玻璃纤维至今仍受到大众的欢迎（见图2-45和图2-46）。

图 2-45　Verner Panton 堆叠椅侧立面

图 2-46　堆叠椅在当代住宅空间中的运用

图 2-47　矮桌

图 2-48　矮桌细部

目前，美国是世界上家具消费、生产和进口大国。据报道，美国在1998年家具产值为480亿美元，居世界首位；进口家具资金为100亿美元，也居世界首位。

2. 意大利现代家具

意大利的现代家具是在20世纪50年代才发展起来的。它是建立在大企业、小作坊、设计师的密切协作基础之上的。它将现代科学技术与意大利的优秀传统文化融为一体，以一流的设计和一流的质量享誉世界，并形成了以米兰和都灵为首的世界家具设计与制造中心。每年举办的米兰国际家具博览会，吸引了全球的家具企业和设计师，成为家具业的"奥林匹克设计大会"。

吉奥·庞蒂（Gio Ponti）的风格有意大利"现代建筑主义"之称。吉奥·庞蒂不仅是杰出的建筑师、设计师，而且是教师和作家。他吸收了北欧家具的精华，为创立现代意大利设计风格，使意大利进入世界一流家具设计大国起到了先驱者的作用。他于1928年创办的《多姆斯》杂志是世界上迄今为止最好的专业设计杂志之一，为培养现代设计人才和传播现代设计思想发挥了重要作用。吉奥·庞蒂的设计是追求真正的形式美，并把功能与形式的美结合在一起，在造型上偏重于采用动感的线条和不对称的形体，形成一种独特的体现人类情感的造型形式（见图2-47和图2-48）。

卡西纳家具公司（Cassina）是引导意大利现代家具设计和生产潮流的重要机构。这个公司以"设计引导生产"的方式，由著名设计师负责，如科隆博（Joe Cesore Colomb）、曼彻劳蒂（Argelo Mangiarotti）、斯卡尔帕夫妇（Tobia Scarpa）等一批当代意大利才华横溢的家具设计师，发展了具有魔力般魅力的"意大利线条"的独特风格的家具设计，引导了 20 世纪 70 年代意大利家具设计的潮流，形成了世界著名的家具中心——米兰家具设计与制造中心。

"我们不跟随时尚，而是创造时尚。"这是意大利家具设计的理念。意大利家具的成功是因为它开发出了一套融合全部生产环节（研究、设计、开发、制造、市场、营销、展览）的现代家具工业化系统，并且特别重视设计创新，引领世界家具设计与消费的新潮流，使意大利成为全球家具设计与制造强国。

3．法国现代家具

法国的家具曾有过光辉的历史，而法国也曾经一度是欧洲的家具中心。巴洛克、洛可可风格的家具永载史册，对世界家具有很大影响。进入 20 世纪 60 年代后，北欧四国、南欧意大利、西欧德国，以及美国、日本等国现代工业设计方兴未艾，法国相比之下明显落伍了。为了改变这种局面，自 20 世纪 80 年代起，法国政府官邸中的古典家具改为现代家具，以示对现代设计的重视和鼓励，扶持现代设计教育，并举办设计竞赛。20 世纪 80 年代中期，法国的现代设计又逐渐跨入国际先进行列。

1987 年在巴黎国际家具展上展示了法国新一代设计师的家具作品，一批现代家具设计师脱颖而出，如斯塔克、佩里昂、穆尔格、波林等，并出现了一批现代世界家具精品设计，如斯塔克的普拉特椅、佩里昂的模压餐椅，里基·德·桑特·法乐（Niki de Sainte-Phalle）设计的人形椅等（见图 2-49）。

4．日本现代家具

日本现代工业设计的起步是从学习和借鉴欧美设计开始的。20 世纪五六十年代是日本经济的发展初期，其工业设计从模仿欧美产品着手，进行改良设计，以求打开国际设计市场，这个时期的不少产品都有明显的模仿痕迹。自 20 世纪 70 年代后，日本经济进入繁荣发展的全盛时期，工业设计也得到了极大的发展，由模仿到改良，从改良到创造，逐步形成了日本特色的设计风格，使日本成了世界设计大国之一。

日本家具界的一批设计大师，如柳宗理、川上元美、喜多俊之、司朗仓松等，为日本家具走向世界作出了杰出的贡献，并创造了一批世界现代家具的经典作品，如柳宗理的蝶形椅、喜多俊之的打盹椅、司朗仓松的月光沙发等。

日本现代家具在紧跟世界潮流的同时，没有放弃本国的优秀传统文化，使民族风格与国际新潮融为一体，非常值得中国家具设计者借鉴和学习(见图 2-50 和图 2-51)。

图 2-49　人形椅　　　　　　　　图 2-50　日本家具及其陈设　　　　　图 2-51　日本家具细节

5. 北欧现代家具

20世纪30年代，斯堪的纳维亚的设计的出现引起了全世界的关注——从默默无闻到誉满全球。由于北欧地处亚寒带地区，对住宅及室内用品极为重视。世代相传的手工艺技术，较高的审美水准，设计师、工匠及家具公司的紧密合作，整体效果与局部细节同样受重视，形成了风靡全球的北欧设计风格。

（1）丹麦现代家具的发展

丹麦家具设计传统可追溯到450多年前。1554年，一些家具师创立了哥本哈根家具协会；1770年丹麦皇家艺术学院创建家具设计学校，这是世界上第一所系统培养家具设计者的学校；1777年《皇家家具》杂志创刊。

凯尔·柯林特（Kaare Klint）是丹麦现代家具设计的大师和奠基人。他从人体功效学、人的心理、家具的功能三方面对家具进行了研究，他的设计思想影响了北欧四国家具的发展。他在设计上强调木材的质感，保持天然美作为一种追求。他认为"将材料的特性发挥到最大限度，是任何完美设计的第一原则。"

阿诺·雅克比松（Arne Jacobsen）是最早将现代设计观念引入丹麦的建筑师，也是使丹麦家具走向世界的国际家具设计大师。他设计的家具采用现代新型的发泡聚苯乙烯作壳体材料，线条流畅，造型富于感性，其中的蛋形椅、蚁椅和天鹅椅在当时最为流行（见图2-52至图2-56）。

芬·居尔（Finn Juhl）是一个独特的人。他的手工艺与现代艺术巧妙结合的方式创造了一种非常耐看的家具。他设计作品简洁，充满雕塑感，与家具制作师尼尔斯·沃戈尔（Niels Vodder）合作，设计制作了一大批家具作品。他一生获28次国内外大奖，有些作品成为现代美术馆的永久展品。

汉斯·威格纳（Hans Wegner）的作品是使丹麦家具走向成熟的代表。他在材料运用、加工手段、结构造型方面堪称一流高手。他的作品连获金奖并被七个国家的博物馆收藏。他的家具设计作品中很少有生硬的棱角，转脚处一般都处理成圆滑的曲线，给人以亲近感。此外，他对中国明清时期的家具极为欣赏，并以之为原型，设计出不少新的椅子造型。另一种吸引威格纳的外国传统设计就是英国的温莎椅，1947年由他设计的"孔雀椅"一经展出，便立即成为公众关注的焦点（见图2-56）。

图 2-52 蛋椅

图 2-53 现代空间中放置的蛋椅具有雕塑感及黄色蛋椅与其他家具的搭配

图 2-54 蚁形椅子

图 2-55 Hans Wegner 设计的椅子

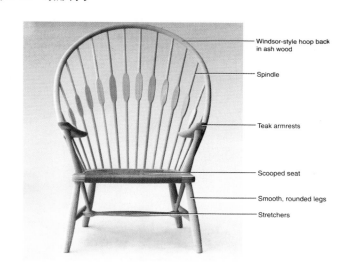

Windsor-style hoop back
in ash wood

Spindle

Teak armrests

Scooped seat

Smooth, rounded legs

Stretchers

图 2-56 Hans Wegner 设计的孔雀椅

　　丹麦家具设计能享誉全球，应归功于一批热衷于精美设计和擅长使用有才干的设计师的家具制造商。汉森公司的汉森和威格纳一样，以"椅子"设计而名扬天下，但走的是完全不同的道路，分别代表着"北欧风格"中两种典型的设计流派。"传统而创新"是丹麦家具设计风格处于领先地位的宗旨。

　　(2) 芬兰现代家具的发展

　　芬兰是欧盟的北方之星，每年有不少的国际设计展和会议在这里举行。漫长的冬季和夏季，使人们很懂得空间设计的重要性。他们把家庭环境看得尤其重要，从而促进了高雅、精致作品的产生。

　　芬兰现代家具作品注重功能，追求理性，但又造型简洁，少装饰、做工精致，采用自然材料。设计师从大自然中吸取灵感，其独特的设计风格享誉世界。"返朴归真，尽善尽美"可以说是芬兰设计者的追求。从传统化到民族化再到国际化，这一个过程贯穿了芬兰的设计脉搏，并涌现了一批重要的现代主义设计大师。

　　芬兰现代建筑和家具大师阿尔瓦·阿尔托（Alvar Aalta），在从事建筑设计的同时，亦倾心于家具设计。1930年他公开在全国设计展中展示了他设计的堆叠坐椅和可折叠沙发床等。他把家具看成是"建筑的附件"，对木材的各种模压技术进行试验。他设计的椅子线条流畅，采用自然木材制作（见图 2-57 和图 2-58）。

图 2-57　Alvar Aalta 设计的凳子

图 2-58　Alvar Aalta 设计的椅子

依罗·库卡波罗（Yrjo Kukkapuro）是芬兰现代设计大师。库卡帕罗根据自己对塑料和钢木家具的精心研究和经典设计，彻底改变了人们对芬兰现代家具设计的呆板印象，当然他的设计的鼎盛时期还是在 20 世纪 60 年代之后，尤其是他的玻璃钢材料及塑料材料家具，成为 20 世纪 60 年代产量最大的种类。在 20 世纪 70 年代后，库卡帕罗开发出了一批简洁高雅而又符合人体工学的现代办公家具，从而彻底改变了长期以来办公家具原始、笨重的风格。他曾在众多的国际国内设计大赛中获奖（见图 2-59）。

图 2-59　Yrjo Kukkapuro 设计的椅子

艾洛·阿尼奥（Eero Aarnio）是在家具设计中使用塑料的先驱者之一。他高度艺术化的塑料家具作品，及时地体现了时代的气息。他的作品是 20 世纪现代家具设计史上不可或缺的珍品。1963 年他设计了 Ball 椅（也称 Globe 椅），通过使用简单的球体给人一个私密的空间。球椅避开了外面的吵闹，人们可以在里面休息或打电话。椅子可以绕着固定在底座上的轴旋转，这样里面的人就能观看到不同的外界景象，因此感到与外界不完全隔离。这是一件伟大的作品。它标志着 20 世纪家具设计历史上最著名的椅子的诞生（见图 2-60）。他设计的气泡椅用透明的有机玻璃球面作为椅子的外轮廓，使人能观看到不同的外界景象，因此感到与外界不完全隔离。气泡椅可以悬挂在室内的任何一个地方，使室内空间得以延展和丰富（见图2-61和图2-62）。他还将他设计的家具进行组合，如餐厅中成套的桌椅等（见图2-63）。

图2-60 Eero Aarnio 设计的球椅

图2-61 Eero Aarnio 设计的气泡椅

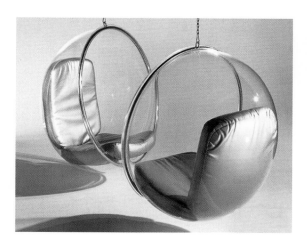

图2-62 气泡椅悬吊在空中

图2-63 Eero Aarnio 设计的一组酒杯椅和餐桌

（3）瑞典现代家具的发展

瑞典是在斯堪的纳维亚国家中最早出现自己的设计运动的国家。早在1845年瑞典便成立了工业设计协会，这个组织的功能与德国的工业联盟类似。100多年来，该协会对推广优秀设计、发展瑞典家具事业、推动艺术与技术的合作做出了巨大的贡献。

卡尔·马尔姆斯滕（Carl Malmsten）被称之为"瑞典现代家具之父"。他终生致力于手工工艺及民间艺术的发展，注重家具造型和精湛的做工。

布鲁诺·马森（Bruno Mathsson）出生于木工世家，从未受过正规教育，16岁开始学习家具制作技术，经过10年不懈的努力，成为本领超绝的技师。受国际主义风格和功能主义的影响，他从研究人体结构和姿势与家具的关系着手，利用胶合弯曲技术设计的外形柔美，坐着舒适的椅子，成为瑞典乃至北欧家具的经典。他的设计原则是"技术的开发与形式相结合，遵循功能主义"。从 1968 年起，他设计了许多金属家具，20 世纪 80 年代又在铝合金、塑料等材料方面进行了新的探索。

（4）挪威现代家具的发展

挪威家具设计起步较晚，但善于借鉴他国的成功经验，其设计形成了别具一格的风格。如弗雷德·劳温设计的大休闲椅及脚凳，彼德·奥普斯维克（Peter Opsvik）设计的平衡系列椅子、企鹅系列椅子、Frip Trapp 高脚椅，维恩·埃恩约森和简·雷德设计的胶合弯曲系列休闲椅。英格玛·瑞林深入研究与实验，用胶合弯曲技术实现了木材难以达到的弯曲形态，实现木材悬臂结构，取得了技术上的突破。

北欧四国，工业高度发达，家具设计及制作工艺仍保持向上发展的势头，在开发新材料、新工艺方面也在不懈努力，不断推出新的设计。积极进取的精神使北欧国家不断有精美的家具涌现，成为经久不衰的畅销品，而北欧国家也因此成为世界上家具出口最多的地区。众所周知的宜家家居 IKEA 是全世界最大的家居零售商场，它主要就是经营着北欧的家具，并深受青年人的喜爱。

第三章
中国历代家具

CHINESE ANCIENT FURNITURES

Furniture
Design (The Second Edition)

中国古代家具的发展源远流长，具有浓郁的民族风格。无论是商周家具、秦汉家具、隋唐家具、宋元家具，还是工艺精湛的明式家具、雍容华贵的清式家具……都以其富有美感的永恒魅力吸引着人们。尤其是明清家具，将我国古代家具的设计和工艺推到了鼎盛时期，其品种之多、工艺之精湛令国内外人士叹为观止。由于受民族特点、风俗习惯、地理气候、制作技巧等不同因素的影响，中国古代传统家具发展走着与西方国家家具完全不同的发展道路，形成了工艺精湛、耐人寻味的东方家具风格，在世界家具发展史上独树一帜，具有鲜明的东方艺术特色。

我国的起居方式，一般可分为"席地坐"和"垂足坐"两大类，因此中式家具也围绕着这些生活习惯而展开。

第一节

商周时期的家具 ◀◀◀

商周时期是青铜器高度发达的时期。古代青铜家具，在历史长河中留下了辉煌的一页。考古学家在商代遗址中发现了商代的家具，如切肉的"俎"和放酒用的"禁"等。当时人们是铺席坐于地上，是席地而坐地使用这些家具的。

俎是古时的一种礼器，供祭祀时"切牲"和"陈牲"之用具。俎的历史最久，对后世家具的影响最深。据文献记载，在传说的远古部落有虞氏时代，便有了俎。俎为后世的桌、案、几、椅、凳等家具奠定了造型发展的基础，可谓桌案类家具之始祖。《礼记·明堂位》记载："俎，有虞氏以梡，夏后氏以嶡，殷以椇，周以房俎。"

图3-1 《三礼图》中的房俎

所谓"房俎"是在前后腿下端加了一横木，使俎不直接落地，由横木承接，由于腿下形成一个空间好似房子，所以得名"房俎"（见图3-1），可见俎早已有之。《三礼图》中绘有梡俎、夏俎、椇俎的形象。在商周时期制作俎的材质也有所不同，如在河南安阳大司空村商墓出土的四足石俎是用石头制作而成，其条腿已发展成板式石腿造型（见图3-2）。现藏于辽宁省博物馆的商代饕餮蝉纹俎为铜质的，其面板为长方形，下为板足并饰精致的细雷纹、饕餮纹，板足空当两端各有半环形鼻连铰状环并装有铜铃。铜铃饰有花纹，制作精巧，此件铜俎堪称我国青铜家具的珍品（见图3-3）。

图3-2 河南安阳出土的四足石俎

禁也是一种礼器，它是祭祀时放置供品和器具的台子。宝鸡商墓出土的青铜禁呈长方体，似箱形，前后各有八个长孔，左右各有两个长孔，四周饰以夔纹、蝉纹。从此器可以看出箱柜的原始形态（见图3-4）。另外，在殷墟出土的商代晚期妇好三联甗，是由一件长方形甗架和三件大甑组成的。甗架形似禁，面部有三个凸起的喇叭状圈口，可放置三件大甑，这件器具好似今天的餐具陈放架（见图3-5）。

图3-3 商代饕餮蝉纹俎

图3-4　宝鸡商墓出土的青铜禁

图3-5　河南殷墟出土的商代晚期妇好三联甗

第二节

春秋战国、秦朝时期的家具

《《《

　　春秋战国直至秦灭六国建立历史上第一个中央集权的封建帝国，是我国古代社会发生巨大变革的时期。这一时期，工艺技术得到了很大的提高，还出现了著名木匠师鲁班。相传他发明了钻刨、曲尺和墨斗等。人们的室内生活，虽仍保持席地跪坐的习惯，但家具的制造和种类已有很大的发展。家具的使用以床为主，还出现了漆绘的几、案、凭靠类家具。

　　信阳楚墓出土的六足漆绘围栏大木床和栅足雕花云纹漆几，在足与框架、足与案面、屉板木梁与边框、围栏矮柱与床框之间的连接采用了十字搭接榫、闭口不贯通榫、开口不贯通榫、明燕尾榫等。这是我国发现的最早的床和几的实物（见图3-6和图3-7）。

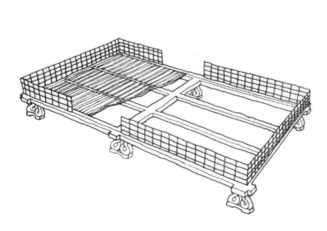

图3-6　战国的大木床

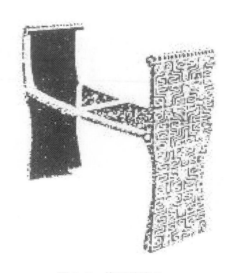

图3-7　战国的漆几

河南淅川下寺 2 号楚墓出土的春秋时代的铜禁是迄今所知的最早的失腊法铸件家具（见图 3-8）。此铜禁四边及侧面均饰透雕云纹，四周有十二个立雕伏兽，体下共有十个立雕状的兽足。透雕纹饰繁复多变，外形华丽庄重，反映出春秋中期我国的失腊法已经比较成熟。卓越的铸造工艺，使青铜家具的造型艺术达到了登峰造极的水平。

图 3-8　春秋时期的铜禁

第三节

两汉、三国时期的家具 ◀◀◀◀

两汉、三国时期是我国对外交流频繁，商业经济不断发展的时期。随之家具制造也有了很大的变化，如几案合二为一，面板逐渐加宽；榻的用途扩大，出现了有围屏的榻，有的床前或床上设几案，同时还出现了形似柜橱的带矮足的箱子。装饰纹样增加了绳纹、齿纹、三角形、菱形、波形等几何纹样及植物纹样。汉代家具在继承先秦漆饰优秀传统的同时，彩绘和铜饰工艺等手法日新月异，家具色彩富丽，花纹图案富有流动感，气势恢弘，这些装饰，使得汉代家具的时代精神格外鲜明强烈。

图 3-9　唐代画家王维所画的学者伏生，图中清晰地表达了案的造型

几在汉代是等级制度的象征，皇帝用玉几，公侯用木几或竹几。几置于床前，在生活、起居中起着重要作用。案的作用相当大，上至天子，下至百姓，都用案作为餐桌，也用来放置竹简或用来伏案写作。唐代画家王维的《学者伏生图》中就细致描绘了案的造型，它作为汉代人书写用的常用家具（见图 3-9）。

随着与西域各国的频繁交流，各国间相对隔绝的状态被打破了。胡床在这个时期传入我国。胡床是一种形如马扎的坐具，以后被发展成可折叠马扎、交椅等，更为重要的是为后来人们的"垂足而坐"奠定了基础。

两晋、南北朝时期的家具 《《《

　　两晋、南北朝是我国历史上的动荡时期。由于西北少数民族进入中原，导致长期以来跪坐礼仪观念转变及生活习俗的变化。此时的家具便"由矮向高"发展，品种不断增加，造型和结构也更趋丰富完善。从东晋画家顾恺之的《列女图卷》上可以看到绘有山水画的大屏风和用来为蜡烛挡风的小屏风（见图3-10）。从顾恺之的另一幅画卷《洛神赋》中，可以发现雕有图案的坐榻（见图3-11）。

　　在这个时期，家具制造在用材上日趋多样化，除漆木家具外，竹制家具和藤编家具等也给人们带来了新的审美情趣。高坐具，如椅子、筌蹄（一种用藤竹或草编的细腰坐具）、凳等的使用使得"垂足坐"成为趋势，人们可坐于榻上，也可垂足坐于榻沿；从北齐画家杨子华的《北齐校书图》中可以发现当时人们坐于榻上书写的场景（见图3-12）。另外，床的尺寸在这一时期也明显增高了，上部加床顶，床上还出现了依靠用的长几、隐囊（袋形大软垫供人坐于榻上时倚靠）和半圆形的凭几，床上还加两折或四折的围屏。随着佛教的传入，装饰纹样出现了火焰、莲花纹、卷草纹、缨络、飞天、狮子、金翅鸟等造型。

图3-10　顾恺之《列女图卷》上的屏风设计

图3-11　顾恺之《洛神赋》中榻的造型

图3-12　北齐画家杨子华的《北齐校书图》中榻的设计

隋、唐、五代时期的家具 《《《

　　隋、唐、五代时期是中国封建社会高度发展的时期。农业、手工业、商业日益发展，思想文化领域十分活跃。

图 3-13 周昉的《宫乐图》中的桌子及月牙凳

这一切大大地促进了家具制造业的发展。唐代正处于两种起居方式交替阶段。家具的品种和样式大大增加，坐具有凳、坐墩、扶手椅和圈椅。受到外来文化的影响，唐代家具的装饰风格摆脱了以往的古拙特色，取而代之的是丰满端庄的风格。月牙凳在唐画中常见，是唐代上层人家的常用家具，是贵族妇女的房间必备家具。从唐代画家周昉的《宫乐图》中，可以看到妇女们围坐在浑厚的大餐桌旁。桌面装饰华丽，桌腿有莲花图案。贵妇们体态丰硕，坐在形态敦厚的月牙凳上，吹笛、抚琴、畅饮。画中可以看出月牙凳凳面略有弧度，非常符合人体工程学的要求，它是具有代表性的唐代家具（见图 3-13）。另外，从周昉的另一幅《内人双陆图卷》中可以看到同样的月牙凳及唐代棋桌的样式（见图 3-14）。

五代时期床榻、桌案形式有大有小，形态多样，在大型宴会场合出现了多人列坐的长桌长凳。此外还有柜、箱、座屏、可折叠的围屏等。由于国际贸易发达，唐代的家具所用的材料已非常广泛，有紫檀木、黄杨木、沉香木、花梨木、樟木、桑木、桐木、柿木等，此外还应用了竹藤等材料。唐代家具造型已达到简明、朴素大方的境地，在装饰工艺上兴起了追求高贵和华丽的风气。如桌椅构件有的做成圆形，线条也趋于柔和流畅，为后来各种家具类型的形成奠定了基础。唐代家具的装饰方法多种多样，有金银绘、木画等工艺，其中木画是唐代创造的一种精巧华美的工艺，它是用染色的象牙、鹿角、黄杨木等制成装饰花纹，镶嵌在木器上。五代时期的屏风、条几如图 3-15 所示。

图 3-14 周昉的《内人双陆图卷》中的唐代家具

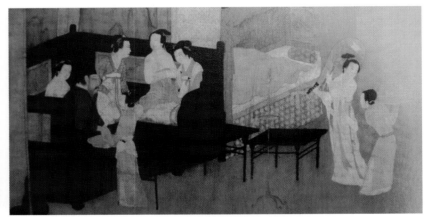

图 3-15 五代《韩熙载夜宴图》上的屏风和条几

第六节

两宋、元代时期的家具 《《《

宋代的起居方式已完全进入垂足坐的时代，同时出现了不少家具新品种，如圆形、方形的高几、琴桌、床上小炕桌等。在家具结构上突出的变化是梁柱式的框架结构代替了唐代沿用的箱形壶门结构。大量应用装饰性线条，极大地丰富了家具的造型，桌面下采用束腰结构也是这个时代兴起的，桌椅四足的断面除了方形和圆形以外，有的还做成马蹄形。从南宋画家苏汉臣的《妆靓仕女图》中可以看到家具中桌腿的造型（见图3-16）。这些家具结构、造型上的变化，都为明、清家具的造型风格形成打下了基础。宋代家具为适应新的起居方式，在尺度、结构、造型、装饰等方面都发生显著的变化，家具在室内的布置也有了一定格局。如对称的、不对称的，从许多宋画中可以见到当时的家具布置。

元代家具的木工工艺继两宋以后又取得新的发展。不管是部件结构的组成方式，还是装饰件的设计安排，都遵循木工制作高度科学性的要求，以合理的形式构造表现了人们对居室家具的审美观（见图3-17）。

图3-16　南宋画家苏汉臣画中的梳妆台和坐凳

图3-17　元代的闷户橱

第七节

明 式 家 具 ⫷⫷⫷

公元1368年明太祖朱元璋建立了明朝。明朝初年兴修水利，鼓励垦荒，使遭到游牧民族破坏的农业生产迅速恢复和发展。随之手工业、商业也得到了很快的发展，国际贸易远通到朝鲜、日本、南洋、中亚、东非、欧洲等地。至明朝中叶，由于生产力水平的提高，商品经济的发展，手工业者和自由商人的增加，曾出现过资本主义萌芽，由于经济繁荣，使得当时的建筑业、纺织业、造船业、陶瓷等手工业均达到很高的水平，明末的园艺师计成编写了一部私家园林的著作——《园冶》。随着园林建筑的大量兴建，明代家具配置与建筑有了形象紧密的联系，在厅堂、书斋、卧室等有了成套家具的概念。在现代发掘的墓葬中，考古学家发现了很多家具样式的明器，现藏于上海博物馆的一组明器是我国研究明式家具的典型样本（见图3-18）。在明代，人们就知道在建造房屋时考虑建筑物的进深、开间和使用要求，同时还要考虑家具的种类、样式、尺度等。这样家具与房间成套地配制形式在社会上大量出现。

按不同的用材和工艺，明代家具可分为传统的漆饰家具和新颖的硬木家具，以及采用竹藤、山柳等制作的家具，还有用陶、瓷、石料等材质制作的家具。明代中叶以后，在以苏州为中心的江南地区，出现了以花梨木、紫

图 3-18　上海博物馆内收藏的一组明器

檀木等优质木材为主要用材的硬木家具，并迅速发展成中国传统家具史上的又一高峰。明代的竹制家具也很特别，在当时广大的南方地区，人们就地取材，利用丰富的自然资源，制成别具风格的竹家具，其中尤以斑竹所制家具最为贵重。下面介绍几种明式家具的用材。

紫檀：世界上最名贵的木材之一，主要产于南洋岛的热带地区，我国的云南、广东、广西也产紫檀，但数量不多。紫檀生长缓慢，非数百年不能成材。木质坚硬，入水即沉，鬃眼细密，表面有不规则的蟹爪纹和形似虎皮的斑纹。

黄花梨：在明清家具中是除紫檀外最为人重视的一种木材，产于海南，其学名为"海南檀"，生长极迟缓，大材不易得。它的特点是木质坚硬，颜色从浅黄到紫赤，有香味，花纹纹理清晰，常有"鬼脸"状斑纹。

鸡翅木：产于我国广东、海南。清代中期以前，人们都用老鸡翅木制作家具，其材质细腻，有紫褐色深浅相间的波折纹，纹样纤细浮动，犹如山水风景图案。

铁力木：产于我国广东。它是我国古代硬木中长得最为高大的树种，因此明式家具中不少大件是用它制作的。铁力木属常绿乔木，材质坚硬，色泽纹理与鸡翅木相差无几，较之纹理显粗，鬃眼也显著。

榉木：落叶乔木，产于江浙一带，故北方称此木为"南榆"，其老龄而木材带赤色者名"血榉"。苏州、上海一带的民间多用此材制作家具。榉木硬度呈中性，纹理如山峦重叠，俗称"宝塔纹"。

红木：生长在我国的广东、云南及印度、孟加拉和缅甸等地。红木有新老之分，老红木近似紫檀，但颜色较淡，质地致密程度稍差。红木在清前期明式家具中很少使用，到了清中期以后，黄花梨、老鸡翅木日见匮乏，方才大量使用。

瘿木："瘿"指树瘤，并非专指某一树种。瘿木的产生由树木病态所致，故不分树种都会形成，如楠木瘿、桦木瘿、花梨木瘿等。不同的树种所生长的瘿结产生不同的花纹，有的如山水人物鸟兽，有的如堆砌的葡萄。为此人们喜好用这种花纹绮丽的瘿结剖做桌子面心，或作其他镶嵌用。

1. 明式家具的种类

明式家具种类繁多，可粗略划分成为以下六大类。

① 椅凳类：杌凳、圆凳、春凳、鼓墩、官帽椅、灯挂椅、靠背椅、圈椅、交椅等。

杌凳是指无靠背的坐具。"杌"字的本义是"树无枝也"，故杌凳被用作无靠背坐具的名称。形式有方形和长方形，一般可分为无束腰直足式和有束腰马蹄足式两大类型。"马蹄式"是明式家具足底的一种典型做法。凳面的板芯有木材、大理石、藤席等（见图 3-19）。

腿足相交的杌凳，俗称"马扎"，古称"胡床"，由八根直木交接而成，此交接点为轴翻转折叠。其携带方便，使用广泛，为古时居家常备家具（见图 3-20）。

圈椅指靠背为圆后背的椅子（见图 3-21）。交椅是可以折叠的交足椅子，其形即带靠背的马扎。交椅有直背和圆背之分。明代流行圆背椅，其线条流畅自如，坐时舒适，受到人们的喜爱（见图 3-22）。

图 3-19 明代黄花梨机凳　　图 3-20 明代黄花梨马扎　　图 3-21 明代黄花梨圈椅　　图 3-22 明代圆后背交椅

　　官帽椅是有扶手和靠背的椅子，搭脑似明代官员所戴的官帽。若搭脑和扶手出头，为"四出头官帽椅"（见图3-23）。若搭脑和扶手皆不出头，则为"南官帽椅"（见图3-24）。

　　②几案类（承具类）：炕桌、供桌、八仙桌、月牙桌、琴桌、书案、平头案、翘头案、条案、茶几、香几等。

　　桌是吃饭、饮酒时用的家具，大约产生于唐朝，按其功能分又有琴桌、画桌、书桌等。开始时形式比较简单，后来发展为多种造型。最普遍的形式是方桌，俗称"八仙桌"。方桌有四个边，一边坐两人，正好能坐八个人，因此得其俗名。炕桌是北方放置在炕上用来喝茶、吃饭的桌子（见图3-25）。半桌体积小、易调动，可拼成"方桌"用（见图3-26）。

　　案在我国主要用来祭祀时陈放装饰物件的家具。案的腿多向里收进。条案是窄而长的高案。案面两端平直的为"平头案"，案面两端向上翘起的为"翘头案"。翘头案多是古人用来欣赏长卷书画时用的家具，翘头的部分既可以产生视觉上的变化，又有实用的功能（见图3-27）。

　　案和桌在形制上有本质区别。一般来讲，腿的位置决定了它的名称，而与高矮、大小、功能无关。腿的位置

图 3-25 明代榆木马蹄脚炕桌

图 3-23 明代四出头官帽椅　　　图 3-24 明代花梨木南官帽椅　　　图 3-26 明代晚期半桌

缩进去为案，腿的位置顶住四角为桌。

几类家具在名代主要有条几、茶几、香几等，它属于配属家具。几类家具主要用于桌案的配属、供奉的专用配属，很多时候用于放置花草盆景的承托。其外形多样，装饰性强，在明式家具中种类繁多，用材多为黄花梨（见图3-28至图3-30）。

图3-27　明代翘头案　　　　　　图3-28　黄花梨六足　　　图3-29　五足内卷　　　图3-30　黄花梨高束
　　　　　　　　　　　　　　　　　　　　　　八方香几　　　　　　　　香几　　　　　　　　腰三足香几

③ 柜橱类：闷户橱、书橱、书柜、衣柜、顶柜、亮格柜、百宝箱等。

闷户橱是一种具备承置物品和储藏物品双重功能的家具。外形如条案，但腿足侧脚置于抽屉。抽屉下还有可供储藏的空间箱体，称为"闷仓"。存放、取出东西时都需取抽屉，故谓闷户橱，南方不多见，北方使用较普遍（见图3-31）。明代的衣橱造型简单、体量大，柜内设置抽屉和隔板（见图3-32至图3-34）。

图3-31　明代黄花梨闷户橱　　　　　　　　　　图3-32　明代衣柜

图3-33　明代衣柜内部构造　　　　　　　图3-34　明代晚期黄花梨衣柜

④ 床榻类：架子床、罗汉床、平榻等。床上立柱，上承床顶，立柱间安装围子的床称为架子床（见图3-35）。罗汉床是三面安装围子，可卧可坐，随意性较大（见图3-36）。

⑤ 台架类：灯台、花台、镜台、面盆架、衣架、承足（脚踏）等（见图3-37和图3-38）。

图 3-35　明代晚期六柱黄花梨架子床

图 3-36　明代罗汉床

图 3-37　明代面盆架

图 3-38　黄花梨凤纹衣架

⑥ 屏座类：有插屏、围屏、座屏、炉座、瓶座等。插屏是可装可卸的座屏风，底座立柱内侧有槽口，屏扇两侧有槽舌，可将屏扇嵌插到底座上。围屏是多扇组合并可任意折叠的屏风。座屏是有底座的屏风。砚屏是小型的座屏，置几案上，古时可为烛灯挡风，也可用来作供观赏的案头家具。图3-39所示，其中间镶嵌绿色大理石，高为90.5 cm。

2. 明式家具的材料和制作工艺

明式家具使用的木材极为考究，明朝郑和七下西洋，这一时期我国和海外各国交往密切，贸易往来频繁，优质木材如黄花梨、红木、紫檀、杞梓（也称鸡翅木）、楠木等供应充足。由于明代多采用这些硬质树种做家具，所以又称硬木家具。在制作家具时充分保留木材纹理和天然色泽，不加油漆涂饰，表面处理用打蜡或涂透明大漆。这是明代家具的一大特色。

图 3-39　明代黄花梨桌屏

明式家具造型优美多样，做工精细，结构严谨，之所以能够达到很高的工艺设计水平，与明代发达的工艺技术分不开。"工欲善其事，必先利其器"。用硬木制成精美的家具，是由于有了先进的木工工具，明代冶炼技术已相当高超，生产出了锋利的工具。当时的工具种类很多，如：刨就有推刨、细线刨、蜈蚣刨等；锯也有多种类型，"长者剖木，短者截木，齿最细者截竹"。

明代的能工巧匠有利刃在手，为满足越来越多的功能要求创造了不少新造型、新品种、新结构的家具。明式家具采用框架式结构，与我国独具风格的木结构建筑一脉相承，依据造型的需求创造了明榫、闷榫、格角榫、半榫、长短榫、燕尾榫、夹头榫，以及"攒边"技法、霸占王撑、罗锅撑等多种结构。既丰富了家具的造型，又使家具坚固耐用。虽经几百年但至今仍能看到实物。

总之，明式家具制造业的成就是无与伦比的，有许多西方设计家为之倾倒。明式家具的独到之处是多方面的，即"简、厚、精、雅"。简，是指造型简练，不烦琐、不堆砌，比例尺度相宜、简洁利落、落落大方。厚，是指形象浑厚，具有庄穆、质朴的效果。精，是指做工精巧，一线一面，曲直转折，严谨准确，一丝不苟。雅，是指风格典雅，耐看，不落俗套，具有很高的艺术格调（见图3-40）。

图3-40　观复博物馆展示的明式家具

第八节

清代的家具 ◀◀◀

　　清代是我国历史上延续时间最长的封建王朝。清朝建立以后，闭关自守，致使明代发展起来的资本主义萌芽受到摧残，但家具制造业在明末清初仍大放异彩，达到我国古典家具发展的另一个高峰。明代和清前期（乾隆以前）是传统家具发展的黄金时代。这一时期苏州、扬州、广州、宁波等地成为制作家具的中心。各地形成不同的地方特色，依其生产地分为苏作、广作、京作。苏作大体继承明式特点，不求过多装饰，重凿和磨工，制作者多为扬州艺人；广作讲究雕刻装饰，重雕工，制作者多为惠州海丰艺人；京作的结构用镂空，重蜡工，制作者多为冀州艺人。清代乾隆以后的家具，风格大变，在统治阶级宫廷、府第，家具已成为室内设计的重要组成部分。他们追求烦琐的装饰，利用陶瓷、珐琅、玉石、象牙、贝壳等做镶嵌装饰。特别是宫廷家具，吸收工艺美术的雕漆、雕填、描金等手法制成漆家具（见图3-41至图3-43）。1840年后我国沦为半封建半殖民地社会，各方面每况愈下，衰退不振，家具行业也不例外。然而民间家具制造业仍以追求实用、经济为主，继续向前发展。

　　清代家具，经历了近三百年的历史，从继承、演变、发展至风格成熟为"清式"，大致可分为三个阶段。

　　第一阶段是清初至康熙初，这阶段不论是工艺水平还是工匠的技艺，都还是明代的继续。所以，这时期的家具造型、装饰等，还是明代家具的延续。造型上不似中期那么浑厚、凝重，装饰上不似中期那么繁缛富丽，用材也不似中期那么宽绰。而且，清初紫檀木尚不短缺，大部分家具还是用紫檀木制造。中期以后，紫檀渐少，多以红木代替了。清初期，由于为时不长，特点不明显，没有留下更多的传世之作，这时期还是处于对前代的继承期（见图3-44）。

　　第二阶段是康熙末，经雍正、乾隆，至嘉庆。这段时间是清代社会政治的稳定期，社会经济的发达期，是历史上公认的"清盛世"时期。这个阶段的家具生产，也随着社会发展、人民需要和科技的进步，呈兴旺、发达的

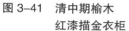

图 3-41　清中期榆木
红漆描金衣柜

图 3-42　清晚期镶嵌大理石
紫檀靠背扶手椅

图 3-43　清晚期多宝阁细部设计

局面。这时的家具生产不仅数量多，而且形成为特殊的、有别于前代的特点，或叫它风格。这种风格的特点，就是"清式家具"风格。这时期的家具一改前代的挺秀，浑厚而庄重。突出点为用料宽绰，尺寸加大，体态丰硕。清代椅的造型，最能体现清式风格特点。它座面加大，后背饱满，腿子粗壮。整体造型像宝座一样的雄伟、庄重。其他如桌、案、凳等家具，也可看出这些特点，仅看粗壮的腿子，便可知其特色了。清中期家具特点突出，成为"清式家具"的代表。清式家具的装饰，求多、求满、求富贵、求华丽。多种材料并用，多种工艺结合。甚至在一件家具上，也用多种手段和多种材料。雕、嵌、描金兼取，螺甸、木石并用。此时的家具，常见通体装饰，没有空白，达到空前的富丽和辉煌。但是，不得不说，过分追求装饰，往往使人感到透不过气来，有时忽视使用功能，不免有争奇斗富之嫌（见图 3-45 至图 3-48）。

图 3-44　清早期紫檀机凳

图 3-45　清中期黄花梨供桌

图 3-46　清中期榆木黑漆闷户橱

图 3-47　清中期樟木八仙椅及茶几

图 3-48　清中期罗汉床及脚踏

第三阶段是道光以后至清末。道光时，中国经历了鸦片战争的历史劫难，此后社会经济日渐衰退。至同治、光绪时，社会经济每况愈下。同时，由于外国资本主义经济、文化，以及教会的输入，使得中国原本是自给自足的封建经济发生了变化，外来文化也随之渗入中国社会。这时期的家具风格，也不例外地受到影响（见图 3-49 和图 3-50）。作为经济口岸的广东最突出，广作家具明显地接受了法国建筑和法国家具上的洛可可风格。追求曲线美，过多装饰，甚至堆砌。木材不求高贵，做工也比较粗糙。

总之，所谓清式家具，乃是指康熙末至雍正、乾隆以至嘉庆初的清代中期，是指清盛世时期的家具。这段时期家具风格的形成，与清代统治者所创造的世风有关。表现了从游牧民族，到一统天下的雄伟气魄，代表了追求华丽和富贵的世俗作风。由于过分追求豪华，带来一些弊端。但是，清式家具，利用多种材料，调动一切工艺手段来为家具服务，这是历代所不及的。清式家具有许多经验和优点可取，其风格独特，在我国家具历史上有着卓著的成绩（见图 3-51 至图 3-57）。

图 3-49　清晚期广东红木大理石镶嵌弧形靠背扶手椅

图 3-50　清晚期广东的靠背扶手椅

图 3-51 清晚期榆木官帽扶手椅

图 3-52 清晚期榆木暖椅

图 3-53 清晚期红木桌屏

图 3-54 清晚期官轿椅

图 3-55 清代宫廷内的龙椅及屏风

图 3-56 乌木嵌黄杨木云龙纹屏风

图 3-57 清晚期雕花床

第四章
家具的分类和家具的造型基础……

THE CLASSIFICATION AND MODELING OF FURNITURES

Furniture
Design（The Second Edition）

第一节

家具的分类 ◀◀◀◀

家具的分类方法很多，根据家具的功能、形式、使用空间、用材、风格和结构形式，可以进行如下分类。

1. 按基本功能分类

① 支撑类家具：直接支撑人体的家具，如床、椅、沙发等。

② 凭倚类家具：使用时与人体直接接触的家具，如桌子、讲台等。

③ 储存类家具：储存物品的家具，如衣柜、书柜等。

2. 按基本形式分类

① 椅凳类：各种椅子、凳子、沙发。

② 桌案类：各种桌子、写字台、茶几、大班台。

③ 橱柜类：各种衣柜、餐具柜、文案柜等。

④ 床榻类：各种床或供躺着休息的榻，如双人床、单人床、明清家具中的榻等。

⑤ 其他类：如衣帽架、花架、屏风等。

3. 按使用空间分类

① 家用家具：供家庭使用的家具，其中又可分为卧室家具、餐厅家具、厨房家具、客厅家具、书房家具、儿童家具等。

② 办公家具：在办公室用的家具，如大班台、文件柜、转椅等。

③ 特种家具：如商场、学校、医院、酒店、剧场等专门定制的家具。

④ 户外家具：如公园、游泳池及小庭院用的家具。

4. 按材料分类

① 实木家具：主要由实木制成，如红木家具、榆木家具等。

② 木质家具：主要由实木和各种木质复合材料（如刨花板、纤维板、胶合板等）制成的家具。

③ 竹质家具：用竹子经过处理后制成的家具。

④ 藤质家具：用藤条或藤织构件制成的家具。

⑤ 玻璃家具：以玻璃为主要构件的家具。

⑥ 铸铁家具：整体或主要部件由铸铁制成的家具。

⑦ 塑料家具：整体或主要部件用塑料加工而成的家具。

⑧ 石质家具：以大理石、花岗岩或人造石为主要材料制成的家具。

5. 按风格特征分类

① 古典家具：西式或中式的古典家具。

② 现代家具：西方和中国的现代家具。

6. 按结构形式分类

① 固定装配式家具：零部件之间采用榫或其他固定形式接合，一次性装配而成；其特点是结构牢固、稳定，不易再拆装。

② 拆装式家具：零部件之间采用连接件接合并可多次拆卸和安装，可缩小家具的运输体积，便于搬运，减少库存空间。

③ 部件组合式家具：将几种统一规格的通用部件，通过一定的装配形式而组成不同用途的家具。其优点是可用较小的规格的部件装配成多种形式和不同用途的家具，还可简化生产过程与管理工作，有利于提高生产率和专业化与自动化生产。

④ 单体组合式家具：将制品分成若干个小单件，其中任何一个单体既可单独使用，又能由几个单体在高度、宽度和深度上互相接合而形成新的整体。

⑤ 支架式家具：将部件固定在金属或木制的支架上而构成的一类家具，如汽车和火车内的家具，支架与天花板直接或间接的连接；这类家具也可固定在墙壁上，优点是可以充分利用室内的空间，制作简单，省料，造型多样。

⑥ 折叠式家具：能折叠使用并能叠放的家具。常用于桌、椅和茶几几类，钢家具尤为常见。便于携带、存放和运输，适用于住房面积小或经常需要改变使用场地的公共场所，如餐厅、会场等，也可作为军队与地质勘探单位的备用家具。

⑦ 多用途式家具：对家具上某些部件的位置稍加调整就能变换用途的家具。由于可一物多用，所以适合于住房面积小的家庭或单身生活的人。考虑家具多用途的需要，家具设计结构必然会复杂，往往需要金属铰链加固，如沙发床即属多用式家具。

⑧ 曲木家具：用实木弯曲或多层单板胶合弯曲而制成的家具。优点是造型别致、轻巧、美观，可按人体工程学的要求压制出理想的曲线型。

⑨ 壳体式家具：又称薄壁成型家具。其整体或零件是利用塑料、玻璃钢一次模压成型或用单板胶合成型的家具。这类家具造型简洁、轻巧，便于搬移，且省料，生产效率高。这类家具还可以配上各种色彩，生动、新颖，适用于室内外的不同环境，尤其适用于室外。

⑩ 充气家具：用塑料薄膜制成袋状，充气后成型的家具。可使用彩色或透明薄膜，新颖、有弹性、有趣味，但一旦破裂则无法再继续使用。

第二节

现代家具的特性 ◀◀◀

现代家具应是功能、材料、结构、造型、工艺、文化和经济等方面的完美结合。设计的价值应当超过其材料或装饰的价值。家具设计必须在消费和生产之间寻求最佳的平衡点，以满足家具产品安全、美观、实用且价廉的要求。

1. 实用性

实用性是家具设计的必要条件。家具设计首先要满足使用者的直接需求。如中国人用的中餐桌通常是圆形的，而西方人用的餐桌是长方形的，这是因为西方人的西餐通常为分餐制。

2. 舒适性

舒适性是高质量生活的需要，在解决了家具有无的问题之后，舒适性的重要意义就凸显出来了，这是设计价值的重要体现。因此，作为一个家具设计师，要充分考虑人体的各种姿势对家具造型的生理要求，以其必要的舒适性来最大限度地满足人的需求。

3. 安全性

安全性是家具品质保证的基本要求，缺乏足够强度与稳定性的家具，其后果将是灾难性的。要确保安全，就必须对材料的力学性能、纹理方向及可能产生的变形有充分的认识，以便准确设定部件的断面尺寸，并在结构设计与结点设计时进行科学的计算与评估，如正确设定木材在横纹方向的抗拉强度与纵纹方向的抗拉强度的对比度等。

4. 艺术性

艺术性是人的精神层面的需求，家具设计的艺术效果将通过人的感观产生一系列的生理反应，从而对人的心理带来强烈的影响。美不是矫揉造作出来的，它根植于家具的功能、材料、文化内涵所带来的自然属性当中。美还有永恒的美和流行的美，家具设计应致力于追求永恒的美，但从商业价值上来看，流行时尚的美常能带来更好的经济效益。

5. 工艺性

家具设计的工艺性是一种技术上的要求，为了在保证质量的前提下提高生产效率，降低制作成本，所有家具零部件都应尽可能满足机械加工或自动化生产的要求。固定结构的家具应考虑是否能实现装配机械化、自动化，拆装式家具应考虑使用最简单的工具就能快速装配出符合质量要求的成品家具。极品家具是充满个性的手工艺制品，由名师制作而成。家具设计的工艺性还表现在设计时应充分使用标准配件，这样可以简化生产、缩短家具的制作过程，从而降低生产成本。

6. 经济性

经济性直接影响家具产品在市场上的竞争力。好的家具不一定是贵的家具，但这里所说的经济性也并不意味着盲目追求便宜，而是应以功能性价值，即价值工程为设计准则。这就要求设计师掌握价值分析方法，一方面要避免功能过剩，另一方面要以最经济的途径来实现所要求的功能。如用高档材料来制作一次性消耗的产品就是一种浪费。反之，如果在一件家具精品当中掺入劣质材料或制作时降低要求，那么就会使其身价大跌。

7. 系统性

家具的系统性体现在两方面：一是配套性，二是灵活应变体系。配套性是指一般家具都不是独立使用的，而是需要考虑与室内其他家具配套使用时的协调性与互补性。因此，家具设计的广义概念应该延伸至整个室内环境的装饰效果与使用功能。灵活的应变体系是针对生产销售环节而言的，小批量多品种的社会需求与现代大工业化生产的高质量、高效率的协调性是家具设计中需要考虑的重要问题。避免过多的重复劳动，将非标准产品的生产降低到最低限度，缓解由于产品过多、批量过小给生产系统所造成的压力。

家具造型设计 ◀◀◀◀

　　家具是一种具有物质功能和精神功能的工业产品，在满足日常生活使用功能的同时，又能满足人们的审美需求并营造环境氛围。家具又是一种通过市场进行流通的商品，它的实用性与外观形象直接影响人们的购买行为。而家具在造型上最能直接的传递美感，通过视觉信息，激发人们愉快的情感，得到美的享受，产生购买欲望。一件家具的造型在商品流通的环节中是至关重要的，因此，作为设计者应从最基本的点、线、面、体的特性来了解家具的造型设计。

1. 造型要素在家具设计中的运用

　　一切艺术形态都是通过造型要素的点、线、面、体、色彩、质感而构成的，家具造型也不例外。它通过不同的形状、体量、质感、色彩来获得造型设计的表现。

　　① "点"是形态构成中的基本单位，在造型设计中点有大小、形状、位置的不同。从点本身的形状而言，曲线点（如圆形）饱满充实，富于运动感；而直线点，如方点则表现坚稳、严谨，具有静止的感觉。从点的排列形式来看，点的间隔排列会产生规则、整齐的效果，具有静止的安详感；变距排列（或有规则地变化）则产生动感，显示个性，形成富于变化的画面。在家具造型中点运用在家具的柜门、抽屉的拉手、沙发软垫上的装饰包扣及各种小五金件的装饰中(见图4-1和图4-2)。

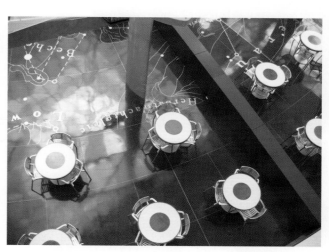

图4-1　柜子把手上"点"形式的运用　　　　图4-2　"点"形态的小餐桌摆放在商场里

　　② "线"是点移动的轨迹，线有粗细或宽窄的变化。线在造型设计中是最具有表现力的要素，比点具有更强的心理效应。线的形态主要有直线和曲线。纯直线构成的家具能给人以刚劲、安定、庄严的感觉，常体现"力"的美。纯曲线构成的家具能给人以活泼、流畅、优美的感觉，常体现"动"的美。直线与曲线结合构成的家具不但具有直线稳重、挺拔的特点，而且还能给人以流畅、活泼等曲线优美的感觉，使家具造型具有或方或圆、有柔有刚、形神兼备的特点(见图4-3)。

图4-3　线材构成的沙发

③ "面"是由线移动而成，也可由密集的点形成。面可以分为曲面和平面。在平面中：正方形、三角形、圆形、矩形等具有确定性、规整性、构造单纯的特点，给人以稳定、安静、严肃的感觉；多边形具有不确定性、变化性、不稳定性的特点，使人感到丰富、活跃、轻快。曲面在空间中可表现为旋转曲面、非旋转曲面和自由曲面。曲面一般给人以温和、柔软和动态感，它和平面同时运用，相互对比是构成丰富的家具造型的重要手段（见图4-4至图4-7）。

图4-4　用"线"和"面"组合而成 Windsor Chair

图4-5　用"S"形曲面组合的椅子

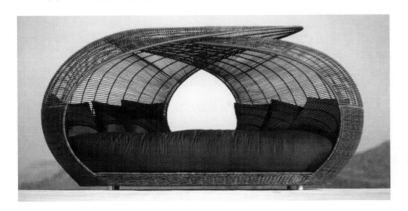

图4-6　由"线"组成的曲面构成的室外休闲床

图4-7　Warren Platner 在 1965 年设计的扶手椅

④ "体"是面移动的轨迹。在造型设计中，体是由点、线、面围成的三维空间或面旋转所构成的空间。在家具造型中正方体和长方体运用得最为广泛，如桌、椅、橱柜等。体的虚实处理会给造型设计带来强烈的对比（见图4-8至图4-13）。

图4-8　由几个简单的长方体组成的沙发

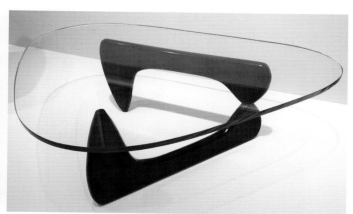

图4-9　由不同的几何体组合而成的现代茶几

图4-10　由不同形态的几何体综合之后形成的海滨室外休闲沙发

图4-11　由"8"字形圆环组成的休闲沙发

图4-12　博物馆休息区曲线体量的休闲沙发

图4-13　圆形体量的休闲沙发具有整体感

⑤ "色彩"是家具造型设计构成要素之一。由于本身的视觉因素，色彩具有极强的表现力。家具色彩主要体现在木材自身的固有色、保护木材表面的涂饰色，覆盖材料的装饰色，金属、塑料所用的工业色及软包家具的纤维织物色。材料本身的质感与家具的色彩协调形成具有个性特色的室内外家具（见图4-14至图4-16）。另外家具的色彩离不开室内环境的整体气氛，不能孤立地考虑，家具和各个界面之间的色彩要协调统一，符合使用者的心理要求（见4-17至图4-21）。

图4-14　由废弃的彩色塑料构成的沙发图案　　图4-15　由废弃的彩色塑料构成的沙发色彩绚丽,颇具创意

图4-16　红色沙发给人以热情、温暖的感觉、会使空间的尺度感变大；
黑色的沙发给人以稳重、神秘的感觉,会使空间的尺度感变小

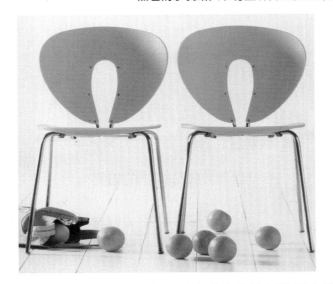

图4-17　橙色的椅子给人以轻松、活泼、美味感,用在餐厅很合适　　图4-18　绿色户外休闲椅给人
轻松、环保的感受

图 4-19　简洁明快的白色家具系列　　　　图 4-20　精致小厨房的粉红色　　图 4-21　色彩绚丽丰富
　　　　　　　　　　　　　　　　　　　　　　　　给人浪漫的感觉　　　　　　　　的餐厅空间

⑥ "质感"是指材料表面质地的感觉，人们通过触觉和视觉所能感觉到的材质的粗细、软硬、冷暖、轻重等。在日常生活中家具和人接触的机会很多，质感可以反映家具的润滑程度与舒适程度，因此在家具的造型中起着重要的作用（见图 4-22 至图 4-24）。家具的质感处理一般从两方面来考虑：一是材料本身的天然质感，如木材、玻璃、金属、竹藤等，由于本质的不同，人们容易识别，并根据各自的品性在家具设计中搭配运用；二是指同一种材料的不同加工处理，可以得到不同的质感，如对木材采用不同的切割法加工，可以得到不同的纹理视觉效果，对玻璃的不同加工可以得到镜面、毛面、刻花等视觉效果。

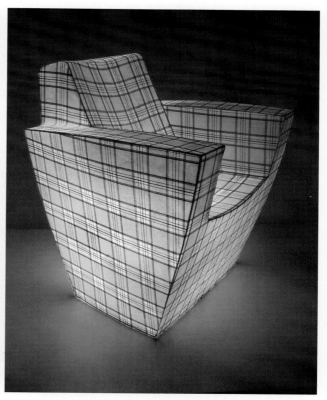

图 4-22　金丝绒面的扶手椅给人舒适、华丽、高贵的感觉　　　图 4-23　有机玻璃内饰格子布纹带光源的沙发，
　　　　　　　　　　　　　　　　　　　　　　　　　　　　　　　　　　给人以趣味和朴素感

图 4-24　具有编织感的休闲沙发，给人朴质的自然回归感

2. 造型法则在家具设计中的运用

① 比例与尺度。任何形状的物体，都具有比例和尺度的关系，对于家具造型的比例来说具有两方面的内容：一方面是家具整体的比例，它与人体尺度、材料结构及其使用功能都有密切的关系；另一方面是家具整体与局部或各个局部之间的尺寸关系。家具造型比例与尺度的设计首先应符合人体尺度及满足使用要求，其次使用功能和所处的环境的不同也会影响家具的比例。另外材料及结构制作方式的不同对家具造型的整体比例也是不一样的。在调整家具的整体与局部的比例关系时，经常会用到长方形黄金分割比例，其比值是 0.618，另外还有等距分割及倍数分割，如 1：1，1：2，1：3，1：4 等。这类分割由于比数关系明确，给人井然有序、条理清晰的感觉，因此在柜类家具中应用广泛。家具的尺度是指家具的尺寸和度量的关系，最好的衡量家具尺度的单位就是人体，另外家具主要是陈设在室内，因此依据室内环境的相互关系，也能体现出家具的尺度感，有时利用这一相互关系反过来改变家具的尺度（见图 4-25 至图 4-28）。如在高大的厅堂内，可以适当地加大家具的尺度以适应环境，取得和谐的比例关系。

图 4-25　家用影院组合家具的比例与尺度

图 4-26　学生卧室内组合家具的比例与尺度

图 4-27 利用拐角墙面专门为儿童设计的卧室梳妆台

图 4-28 具有均衡比例关系的古老收藏柜

② 统一与变化。统一与变化是艺术造型中最为重要的法则。统一是指性质相同或形状类似的物体放在一起，造成一种一致的或有一致趋势的视觉感。而变化是指由性质相异和形状不一样的物体放在一起，造成对比的视觉感。统一产生和谐、宁静，但过分又会显得太单调。变化则产生刺激、兴奋、新奇、活泼的生动感觉，但变化多了又会造成杂乱无章的视觉效果。因此从变化中求得统一，在统一中求得多样是造型设计中的重要法则，也是自然界中普遍存在的构成规律（见图 4-29 和图 4-30）。

图 4-29 现代家具在风格上的统一与变化

图 4-30 西方传统家具在风格上的统一与变化

③ 均衡与稳定。家具是由不同材料构成的一定体量的物体，因而具有不同的重量感，由此在家具造型设计中产生体量的均衡与稳定的关系。均衡是指家具前后左右各部分相对的轻重关系，而稳定则是指家具上下的轻重关系。运用均衡与稳定的造型手法，主要目的在于使家具造型设计获得既生动活泼又不失均衡的艺术效果。均衡分为对称均衡和非对称均衡。对称均衡中有绝对对称和相对对称两种手法。绝对对称具有端庄、严肃的艺术形象，

而相对对称却能在端庄大方中获得生动的艺术效果。家具对稳定的要求包括两方面：一是实际使用中所要求的稳定；二是人们对家具视觉上的稳定。另外色彩对稳定与轻巧起着视觉效果上的作用，深色给人以重量感，浅色给人以轻量感。家具造型设计一般采用下深上浅，这样会产生稳定的感觉，相反，下浅上深则能体现家具轻巧的感觉（见图4-31）。

图4-31　中式家具均衡与稳定感的体现，木质深色结构来衬托浅色缎面靠垫

④ 仿生与模拟。人们在造型设计中，往往会借助生活中的某种形象，仿照和模拟生物的各种原理，是进行创作设计的一种手法。由于家具具有物质与精神双重功能，因此在不违反人体功效学原则的前提下，运用仿生与模拟的手法进行设计，可以给设计者以新的启发，给使用者带来一定的联想，使造型式样具有一定的情感与趣味。在家具设计中模拟的方式有三种：一是在形体造型上进行模拟，家具的外形塑造犹如雕塑一样，运用模拟手法，可以是具体的，也可以是抽象的；二是在局部构件装饰上进行模拟，如桌椅的腿脚、椅子的扶手等；三是结合家具的功能对部件进行图案描绘或形体的简单加工，一般在儿童家具中运用较多。在一些传统家具中也用一些如火烈鸟、天鹅、荷叶等形象，以此在家具上寄托美好的祝愿（见图4-32至图4-39）。

图4-32　模拟火烈鸟的沙发靠背设计　　　　图4-33　中式座椅中模拟天鹅形态的扶手

图 4-34　书店中模拟森林小屋设计的绿色家具

图 4-35　西式座椅中模拟天鹅形态的扶手

图 4-36　法国设计师 Armand Albert Rateau 设计的青铜大理石茶几

图 4-37　法国设计师 Emile Galle 设计的
　　　　怪诞小桌

图 4-38　仿造荷叶形态的小桌

图 4-39　仿造汽车后备厢设计的真皮沙发

第五章
人体工程学与家具设计

HUMAN ENGINEERING AND FURNITURE DESIGN

Furniture
Design（The Second Edition）

人体工程学（Ergonomics）是从解剖学、生理学、心理学等学科的角度去研究人体在各种身体姿势情况下与周围环境物相互受力情况的系统学科，也包括人如何获得高效率、健康、安全、舒适等相关的条件。

现代家具设计不仅要在基本功能上满足人的生活需求，而且要有利于人的生理与心理健康。现代家具已超越了单纯的实用性需求层面，它要求设计者在科学的研究家具与人的心理机能和生理机能相互作用的基础上，对人体的构造、尺度、动作、心理感受等充分了解和分析后进行设计。

第一节

人体生理机能与
家具设计的关系 ◀◀◀

一、人体尺度和人体的基本知识 ONE

确定一件家具的尺寸首先应该了解人体在使用家具时的基本活动尺度，如站立、坐、躺、卧时手足能伸展的活动范围。在我国，由于人口众多，人体尺度随年龄、性别、地区的不同而有所变化，同时，随着时代的不断进步，人们生活水平的不断提高，人体的尺度也在发生变化。因此，只能采用平均值作为设计的依据，但尺度还是要有一定的灵活性。我国不同地区人体各平均尺寸如表 5-1 所示。

表 5-1　我国不同地区人体各平均尺寸　　　　　　　　　　　　　　单位：mm

编　号	部　位	较高人体地区(冀、鲁、辽)		中等人体地区(长江三角洲)		较低人体地区(川)	
		男	女	男	女	男	女
1	人体高度	1 690	1 580	1670	1 560	1 630	1 530
2	肩宽度	420	387	415	397	414	386
3	肩峰对头顶高度	293	285	291	282	285	269
4	正立时眼的高度	1 573	1 474	1 574	1 443	1 512	1 420
5	正坐时眼的高度	1 203	1 140	1 181	1 110	1 144	1 078
6	胸廓前后径	200	200	201	203	205	220
7	上臂长度	308	291	310	293	307	289
8	前臂长度	238	220	238	220	245	220
9	手长度	196	184	192	178	190	178
10	肩峰高度	1 397	1 295	1 379	1 278	1 345	1 261
11	1/2（上肢展开全长）	867	795	843	787	848	791
12	上身高度	600	561	586	546	565	524
13	臀部宽度	307	307	309	319	311	320
14	肚脐宽度	992	948	983	925	980	920
15	指尖至地面高度	633	612	616	590	606	575
16	上腿长度	415	395	409	379	403	378

续表

编　号	部　位	较高人体地区(冀、鲁、辽)		中等人体地区(长江三角洲)		较低人体地区(川)	
		男	女	男	女	男	女
17	下腿长度	397	373	392	369	391	365
18	脚高度	68	63	68	67	67	65
19	坐高	893	846	877	825	850	793
20	腓骨头的高度	414	390	407	382	402	382
21	大腿水平长度	450	435	445	425	443	422
22	肘下尺	243	240	239	230	220	216

　　家具设计要了解人体的构造及完成人体活动的主要人体组织系统，这样才能使家具设计满足人的生理需求。人体是由骨骼系统、肌肉系统、消化系统、血液循环系统、呼吸系统、泌尿系统、内分泌系统、神经系统、感觉系统等组成的。这些系统互相配合、相互制约共同维持着人的生命、完成人体的活动，在这些组织系统中，与家具设计有密切关联的是骨骼系统、肌肉系统、感觉系统和神经系统。

1. 骨骼系统

　　骨骼是人体的基本构架，是家具设计中设定家具比例、尺度的基本依据。骨骼连接处的关节是人体进行屈伸、回旋等各种不同姿态活动的关键，家具的设计要适应人体活动及承托人体动作的姿态，就必须研究人体各种姿态下的骨关节运动与家具的关系。

2. 肌肉系统

　　肌肉的收缩和舒展支配着骨骼和关节的运动。在人体保持一种姿态不变的情况下，肌肉处于长期的紧张状态，人们通常要经常改变活动的姿态使人的各部分的肌肉得以轮换休息。肌肉的营养是靠血液循环来维持的，如果血液循环受到压迫而阻断，则肌肉的活动就将产生障碍。在家具设计中，特别是坐卧性家具，需研究家具与人体肌肉承压面的科学性。

3. 神经系统

　　人体各器官的活动都是在神经系统的支配下，通过神经体液调节而实现的。神经系统的主要部分是脑和脊髓，它和人体的各个部分发生紧密的联系，以神经反射为基本活动的方式，来调节人体的各种活动。

4. 感觉系统

　　人的感觉系统起到激发神经反映、支配人体活动的作用。人通过视觉、听觉、触觉、嗅觉、味觉等感觉系统所接受到的各种信息，刺激传达到大脑，然后由大脑发出指令。由神经系统传递到肌肉系统，产生反射式的行为活动，如晚间睡眠在床上仰卧时间太久，肌肉过分受压，肌肉通过触觉传递信息后作出反射性的行为活动，人体需要翻身作侧卧姿态。

二、人体的基本动作　　　　　　　　　　　　　　　　　TWO

　　人体的基本动作是复杂而有变化的。从家具设计的角度看，合理地依据人体一定姿态下的肌肉、骨骼的受力情况来设计家具，能够调整人的体力消耗、减少肌肉的疲劳，从而极大地提高工作效率，从研究人体的动作出发来设计家具显得尤为重要。在家具设计中家具与人体基本动作最为密切的是站立、坐式、卧式。

1. 站立

　　人体站立是一种最基本的自然姿态，由骨骼和关节支撑而形成。当人直立进行各种活动时，由于人体的骨骼结构和肌肉处在变换和调节状态，因此可以进行较大幅度的活动和较长时间的工作。人体在站立过程中，过程变化最少的部位应属腰椎和腰椎附属的肌肉部分，因此人的腰部最易感到疲劳，这就需要人们经常活动腰部和改变站立的姿态。

2. 坐式

人的活动、工作常态中有相当多的时间是坐着进行的。当人体站立过久时，也需要坐下来休息，研究人坐姿时骨骼、肌肉的关系也是家具设计中重要的内容。人体的躯干结构支撑上部身体重量并保护内脏不受压迫，当人坐下时，骨盆与脊椎的关系取代了原有直立姿态时的腿骨支撑关系，为了减轻在保持人体的躯干结构的平衡时腰部肌肉的压力，人体必须依靠适当的坐式家具的靠背和坐面的支撑来保持躯干的平衡，使人体肌肉得到适当的放松。

3. 卧式

无论是站立或坐式，人的脊椎骨骼和肌肉都受到压迫，肌肉处于一定的收缩状态，而卧式姿态使人的骨骼肌肉能够得到最好的休息。因此在特殊的卧式动作状态下，研究人体骨骼和肌肉对人体卧式家具的适应性，特别是家具对人体腰椎的影响是十分重要的。

三、人体生理机能与家具的关系　　　　　　　　　　　　THREE

在家具设计中，对人体生理机能的研究是促使家具设计更具科学性的重要手段。根据人体活动及相应的姿态设计生产了相应的功能家具，将其分为坐式家具、卧式家具、凭倚类家具及储存类家具。

1. 坐式家具

按照人们日常生活的行为，人体动作姿态可以归纳为从立姿到卧姿的不同姿态，其中坐与卧是人在日常生活中采用的最多动作姿态，如工作、学习、用餐、休息等都是在坐卧状态下进行的，因此坐卧性家具与人体生理机能关系的研究就显得特别重要。

坐式家具的基本功能是满足人们坐得舒服、减少疲劳和提高工作效率。在家具设计中，通过对人体坐式的尺度、骨骼和肌肉关系的研究，使设计的坐式家具在支承人体在坐式姿态下能将人体的肌肉疲劳度降到最低状态，以提高工作效率。

坐具的基本尺度与要求如下。

坐高：坐高是指坐具的坐面与地面的垂直距离。椅子的坐高由于椅坐面常向后倾斜，通常以坐面前边缘高为椅子的坐高。

坐高是影响坐姿舒适程度的重要因素之一，坐面高度不合理会导致不正确的坐姿，并且坐的时间稍久，就会使人体腰部肌肉产生疲劳感。通过对人体坐在不同高度的凳子上，其腰椎活动度的测定，可以得出高为 400 mm 时，腰椎的活动度最高，即疲劳感最强，其他高度的凳子，其人体腰椎的活动度下降，随之舒适度增强。

对于有靠背的座椅，其坐高就不宜过高，也不宜过低，它与人体在座面上的体压分布有关。坐高不同的椅面，其体压分布也不同，坐高是影响坐姿舒适的重要因素。座椅面是人体坐姿时承受臀部和大腿的主要承受面，坐面过高，两足不能落地，使大腿前半部近膝窝处软组织受压，久坐时，血液循环不畅，肌腱就会发胀而麻木；如果椅坐面过低，则大腿碰不到椅面，体压过于集中在座骨节点上，时间久了会产生疼痛感；另外坐面过低，人体形成前屈姿态，从而增大了背部肌肉的受力强度，而且重心过低，人起立时感到困难。因此设计时必须寻求合理的坐高与体压分布。根据坐椅面体压分布情况来分析，椅坐高应略小于坐者小腿腘窝到地面的垂直距离，但理想的设计与实际使用有一定差异，因此只能取适中的数据来确定较优的坐高。

坐深：主要是指坐面的前沿至后沿的距离。坐深的深度对人体坐姿的舒适影响也很大。如坐面过深，超过大腿水平长度，人体挨上靠背将有很大的倾斜度，而腰部缺乏支撑点而悬空，加剧了腰部的肌肉活动强度致使疲劳产生；同时坐面过深，使膝窝处产生麻木的反应，并且也难以起立。因此坐椅设计中，坐面深度要适中，通常坐深应小于人坐姿时大腿的水平长度，使坐面前沿离开小腿有一定的距离，保证小腿一定的活动自由。根据人体尺度，我国人体坐姿的大腿水平长度平均为男性 445 mm，女性 425 mm，然后保证坐面前沿离开膝窝的距离约 60 mm。

这样，一般情况下坐深尺寸在 380~420 mm 之间。对普通工作椅来说，由于工作人体腰椎与盆骨之间成垂直状态，所以其坐深可以浅一点。而作为休息的靠椅，因其腰椎与盆骨的状态呈倾斜钝角状，故休息椅的坐深可设计得略为深一些。

坐宽：根据人的坐姿及动作，椅子坐面的宽度往往呈前宽后窄的形状。坐面的前沿宽度称坐前宽，后沿宽度称坐后宽。坐椅的宽度应使臀部得到全部支承并有适当的活动余地，便于人体坐姿的变换和高度的调整。一般坐宽不小于 380 mm，对于有扶手的靠椅来说，要考虑人体手臂的扶靠，以扶手的内宽来作为坐宽的尺寸，按人体平均肩宽尺寸加上适当的余量，一般不小于 460 mm，但也不宜过宽。以人的自然垂臂的舒适姿态的肩宽为准。

坐面倾斜度：从人体坐姿及其动作的关系分析，人在休息时，人的坐姿是向后倾斜的，在腰椎上需要有承托物。由于人体一般的向后倾斜角度为 3°～5°，因此相对的椅背也向后倾斜 3°～5°。然而一般的工作椅则不希望坐面有向后的倾斜度，因为在人体工作时，其腰椎及盆骨处于垂直状态，甚至还有前倾的需求，如果使用有向后倾斜面的座椅，反而增加了人体力图保持重心向前时肌肉和韧带收缩的力度，极易引起疲劳。因此一般工作椅的坐面以水平为好，甚至可考虑椅面向前倾斜的设计。

椅靠背：人坐于半高的凳上测试的坐高尺度要求为（400~450 mm），这一坐高尺度是坐具设计中用得最普遍的。但这时人的腰部肌肉的活动强度最大，最易感到疲劳，因此要改变腰部疲劳的状况，就必须设置椅靠背来弥补这一缺陷。

椅靠背的作用就是使躯干得到充分的支撑，特别是使人体腰椎获得最舒适的支承面。因此所设计的椅靠背的形状基本上要与人体坐姿时的脊椎形状相吻，靠背的高度一般不宜高于肩胛骨。对于专供操作的工作用椅，椅靠背要低，一般支撑点的位置在上腰凹部第二腰椎处。

表 5-2 是日本家具工作者研究的成果，靠背倾角在 90°~120° 范围内变动时，腰椎最佳的支承位置。

表 5-2　靠背最佳支承条件

条　件		人体上体角度 /°	支承点高度 /mm	支承面角度 /°
单支承点	1	90	250	90
	2	100	310	98
	3	105	310	104
	4	110	310	105

扶手高度：为了减轻工作时两臂的疲劳，休息椅和部分工作椅须要设计扶手。扶手的高度应与人体坐骨结节点到上臂自然下垂的肘下端的垂直距离相近。扶手过高时两臂不能自然下垂，过低则两肘不能自然落靠，此两种情况都易引起上臂疲劳。根据人体尺度，扶手上表面至坐面的垂直距离为 200~250 mm，同时扶手前端略为升高，随着坐面倾角与基本靠背斜度的变化，扶手倾斜度一般为 ±10°～20°，而扶手在水平方向的左右偏角在 ±10°。

坐面形状及其垫性：坐面形状一般来讲要求人在坐姿时大腿及臀部与坐面承压时形成的状态吻合，坐面形状影响到坐姿时的体压分布。

2. 卧式家具

卧式家具在现代家具中用途很广，包括卧式中的床、美人靠、休闲椅、躺椅等。其中床是与人体接触时间最长，也是提供人睡眠休息的主要卧式家具。床的基本功能要求是使人能躺卧舒适地尽快入睡，以达到消除疲劳、恢复体力和补充工作精力的目的。因此床的设计必须考虑床与人体躯干结构的受力情况及生理机能的关系。

卧姿时的人体结构特征：从人体骨骼肌肉结构来看，人在仰卧时，不同于人体直立时的骨骼肌肉结构。人直立时，背部和臀部凸出于腰椎 40~60 mm，呈"S"形。而仰卧时，这部分差距减少至 20~30 mm，腰椎接近于伸直状态。人体起立时各部分重量在重力方向相互叠加，垂直向下，但当人躺下时，人体各部分重量相互平等垂直向下，并且由于各体块的重量不同，其各部位的下沉量也不同，因此床设计的关键在于能否有效消除人的疲劳。即床的合理尺度及床的软硬度能否适应支承人体卧姿时的骨骼和肌肉休息状态。由于床垫过软，会造成背部和臀部下沉，腰部突起，身体呈"W"形，形成骨骼结构的不自然状态，肌肉和韧带处于紧张的收缩状态，人体感觉敏感的与不敏感的部位均受到同样的压力，时间稍长就会产生不舒适感，需要通过不断地翻身来调整人体敏感部位的受压。因此为了使体压得到合理分布，必须精心设计好床的软硬度。

现代家具注重使用的床垫对解决体压分布合理的设计。有些设计中设计了由不同材料搭配的三层结构组成，上层与人体接触部分采用柔软材料；中层则采用较硬的材料；下层是承受压力的支承部分，用具有弹性的钢丝弹簧构成。这种软中有硬的三层结构做法，有助于人体保持自然的良好的仰卧姿态，从而得到舒适的休息。

卧具的基本尺度与要求如下。

人在睡眠时，并不是一直处于一种静止状态，而是经常辗转反侧，人的睡眠质量除了与床垫的软硬有关外，还与床的大小尺寸有关。

床宽：床的宽窄直接影响人睡眠的翻身活动。日本学者做的试验表明，睡窄床比睡宽床的翻身次数少。当宽为 500 mm 的床时，人睡眠翻身次数要减少 30%，这是由于担心翻身掉下来的心理影响，自然也就不能熟睡。仰卧姿势时床宽为 1 000 mm 为适宜。一般的情况是床宽自 700~1 300 mm 变化时，作为单人床使用，这样睡眠情况都很好。因此单人床的最小宽度为 700 mm。

床长：床的长度指两床头板内侧或床架内的距离。为了适应大部分人的身长需要，床的长度应以较高的人体作为标准进行设计，床的长度可按下列公式计算：

$$L = H \text{（平均身高）} \times 1.05 \text{(头前余量)} + \text{(脚后余量)}$$

国家标准 GB3328—1982 规定，成人用床床面净长一律为 1 920 mm，对于宾馆内客房的用床，一般脚部不设床架，便于特高人体的客人使用并可加接脚凳。

床高：床高即床面距地面的高度。一般床高与椅坐的高度会取得一致，使床同时具有坐卧功能。除此之外，还要考虑人穿衣、穿鞋等活动特征。一般床高在 400~500 mm 之间。双层床的层间净高必须保证下铺使用者在就寝和起床时有足够的动作空间，但又不能过高，过高会造成上下的不便及上层空间的不足。按国家标准 GB3328—1982 规定，双层床的底床铺面离地面高度不大于 420 mm，层间净高不小于 950 mm。

3. 凭倚类家具

凭倚类家具是人们工作和生活所必需的辅助性家具。如餐厅用的餐桌、看书写字用的写字台、学生上课用的课桌、制图桌等。对于某些商业公共空间还包括为站立活动而设置的售货柜台、吧台、接待台、讲台和各种操作台等。这类家具的基本功能是适应在坐、立状态下进行各种活动时所提供的相应辅助条件，并兼作放置或储存物品之用，因此这类家具与人体动作产生直接的尺度关系。

(1) 坐式用桌基本的要求尺度

高度：桌子的高度与人体动作时肌体的形状及疲劳有密切的关系。经实验测试，过高的桌子容易造成脊柱的侧弯和眼睛的近视，从而降低工作效率。桌子过高还会引起耸肩，肘低于桌面等不正确姿势而引起肌肉紧张，产生疲劳感。而桌子过低会使人体脊椎弯曲扩大，造成驼背、腹部受压，妨碍呼吸运动和血液循环等，背肌的紧张收缩，也易引起人的疲劳。正确的桌高应该与椅坐高度保持一定的尺度配合关系。设计桌高的合理方法是应先有椅坐高，然后再加上按人体坐高比例尺寸确定的桌面与椅面的高度差，即

$$\text{桌高} = \text{坐高} + \text{桌椅高差（坐姿态时上身高的 1/3）}$$

根据人体不同使用情况，椅坐面与桌面的高差值可有适当的变化。如在桌面上书写时，高差等于 1/3 坐姿上身高减 20~30 mm，学校中的课桌与椅面的高差等于 1/3 坐姿上身高减 10 mm。

桌椅面的高差是根据人体测量而确定的。由于人种高度的不同，该值也就不同。1979 年国际标准（ISO）规定桌椅面的高差值为 300 mm，而我国确定值为 292 mm（按我国男子平均身高计算）。由于桌子定型化的生产，

很难定人使用，目前还没有看到男人使用的桌子和女人使用的桌子有不同，因此这一矛盾可用升降椅面高度来弥补。我国国家标准 GB3326—1982 规定桌面高度 H 等于 700~760 mm，级差 ΔS=20 mm。即桌面高可分别为 700 mm、720 mm、740 mm、760 mm 等规格。在实际应用时，可根据不同的使用情况酌情增减。如设计中餐用桌时，考虑到中餐进餐的方式，餐桌可略高一点；若设计西餐桌，同样考虑西餐的进餐方式，使用刀叉的方便，将餐桌高度略降低一些。

桌面尺寸：桌面的宽度和深度应以人坐姿时手可达的水平工作范围及桌面可能置放物品的类型作为依据。如果是多功能的或工作时需配备其他物品如书籍、网络插座等，在桌面上还须增添附加装置。对于阅览桌、课桌类的桌面，最好有约 15° 的倾斜，能使人获得合适的视野和保持人体正确的姿势。

国家标准 GB3226—1982 规定：双柜写字台宽为 1 200~1 400 mm，深为 600~750 mm；单柜写字台宽为 900~1 200 mm，深 510~600 mm；宽度级差为 100 mm，深度级差为 50 mm。一般批量生产的单件产品均按标准选定尺寸，但组合柜中的写字台和特殊用途的台面尺寸，不受此限制。

餐桌与会议桌的桌面尺寸以人均占周边长为准进行设计。一般人均占桌面的周边长为 550~580 mm，较舒适的长度为 600~750 mm。

桌面下的净空尺寸：为保证坐姿时下肢能在桌下舒适的活动，桌面下的净空高度应高于双腿交叉叠起时的膝高，并使膝上部留有一定的活动余地的空间。如有抽屉的桌子，抽屉不能做得太厚，桌面至抽屉底的距离不应超过桌椅高差的 1/2，即 150~120 mm，也就是说桌子抽屉下沿距椅坐面至少应有 150~172 mm 的净空，国家标准 GB3326—1982 规定，桌子空间净高大于 580 mm，净宽大于 520 mm。

（2）立式用桌（台）的基本要求与尺度

立式用桌主要指售货柜台、营业柜台、讲台、服务台、吧台及各种工作台等。站立时使用的台桌高度是根据人体站立姿势的屈臂自然垂下的肘高来确定的。按我国人体的平均身高，站立用台桌高度以 910~965 mm 为宜。若须要用力工作的操作台，其桌面可以稍降低 15~20 mm，甚至更低一些。立式用桌的桌面尺寸主要由所成的表面尺寸和表面放置物品状况及室内空间和布置形式而定，没有统一的规定，视不同的使用功能作专门设计。

立式用桌的桌台下部不需留出容膝空间，因此桌台的下部通常可作贮藏柜用，但立式桌台的底部需要设置容足空间，以利于人体靠紧台桌的动作之需。这个容足空间是内凹的，高度为 80 mm，深度在 50~100 mm。

4. 储存类家具

储存性家具是收藏日常生活中的器物、衣物、消费品、书籍等的常用型功能性家具。根据存放物品的不同，可分为柜类和架类两种不同储存方式。柜类储存方式主要有大衣柜、壁柜、鞋柜、书柜、床头柜、陈列柜、酒柜等；而架类储存方式主要有书架、食品架、陈列架、衣帽架等。储存类家具的功能设计必须考虑人与物两方面的关系；一方面要求储存空间划分合理，方便人存取；另一方面又要求家具储存方式合理，储存数量充分，满足存放条件。

储存类家具与人体尺度的关系如下。

为了正确确定柜、架、隔板的高度及空间分配的合理性，首先必须了解人体所能及的动作范围。以我国成年妇女为例。站立时上臂伸出的取物高度以 1 900 mm 为界线，再高就要站在凳子上存取物品；站立时伸臂存取物品较舒适的高度为 1 750~1 800 mm，因此可以作为经常伸臂使用的衣柜隔板高度或挂衣高度；1 500 mm 的视平线高度是人存取物品最舒适的区域；600~1 200 mm 高度是站立取物比较舒适的范围，但受视线影响及需要局部弯腰存取物品；650 mm 可作经常存取物品的下限高度，有时须要下蹲伸手存取物品。

根据上述动作分析，家庭橱柜应适应女性使用要求。我国的国家标准规定柜高限度在 1 850 mm，在 1 850 mm 以下的范围内，根据人体动作行为和使用的舒适性及方便性，再可划分为两个区域，第一区域为以人肩为轴，上肢半径活动的范围，高度定在 650~1 850 mm，是存取物品最方便、使用频率最多、视线最易看到的区域。第二区域为从地面至人站立时手臂下垂指尖的垂直距离，即 650 mm 以下的区域，该区域存储不便，人必须蹲下操作，一般存放不常用的物品。若须扩大储存空间，节约占地面积，则可设置第三区域，即橱柜的上空 1 850 mm 上的

图 5-1　家庭橱柜的储存空间设计

图 5-2　更衣间内熨衣板和家具隔板的分配

区域。一般可叠放柜架，存放较轻的物品。家庭橱柜的储存空间设计如图 5-1 所示。

在上述储存区域内根据人体动作范围及储存物品的种类可以设置隔板、抽屉、挂衣棍等。在设置隔板时，隔板的深度和间距除考虑物品存放方式及物体的尺寸外，还须考虑人的视线，隔板间距越大，人的视线越好，但空间浪费较多，所以设计时要统筹安排。

至于衣橱内的隔板、抽屉、搁架等储存性家具的深度和宽度，由存放物的种类、数量、存放方式及室内空间的布局等因素来确定，在一定程度上还取决于板材尺寸的合理切割及家具设计系列的模数化（见图 5-2）。

储存性家具与储存物的关系如下。

一个家庭中的生活用品是极其丰富的，从衣服、鞋、帽到床上用品，从主副食品到烹饪器具，从书报、期刊、杂志到文化娱乐用品，以及其他日常卫生用品等，这么多的生活用品，尺寸不同，形体各异，要力求做到有条不紊，分门别类地存放，促成生活安排的条理化，没有合理的家具设计是很难达到的。储存性家具除了考虑与人体尺度的关系外，还必须研究存放物品的类别与方式，这对确定储存性家具的尺寸和形式起着重要作用。分门别类的储存家具能够起到优化室内环境的作用。

储存性家具还包括将电视机、组合音响、家用电器等有效的同功能性的家具结合。一些大型的电气设备如洗衣机、电冰箱等是独立落地放置的，但在布局上尽量与橱柜等家具组合设置，使室内空间取得整体一致的美观效果。

针对这么多的物品种类和不同尺寸，储存家具不可能制作得如此琐碎，只能分门别类地合理确定设计的尺度范围。根据我国国家标准 GB3327—1982，对柜类家具的某些尺寸作如下限定（见表 5-3）。

表 5-3　根据国家标准 GB3327—1982 对柜类家具尺寸的规定　　　　　单位：mm

类　别	限定内容	尺寸范围	级　差
衣柜	宽	大于 500	50
	挂衣棒下沿至底板表面的距离	大于 850	—
		大于 1 350	—
	顶层抽屉上沿离地面	大于 450	—
		小于 1 250	—
	底层抽屉下沿离地面	大于 60	—
	抽屉深	400~500	—
书柜	宽	750~900	50
	深	300~400	10
		1 200	50
	高	1 800	—
	层高	大于 220	—
文件柜	宽	900~1 050	50
	深	400~450	10
	高	1 800	—

第二节

人体的心理机能对家具
设计的要求

一、家具认知的心理特征　　　　　　　　　　　　　　　　　　　ONE

　　家具设计需要满足人在心理机能上的需求。对任何造型艺术的欣赏都是一种认知活动，人们在使用家具的过程中，除了获得直接的功效外，还会得到一种心理上的满足，这种心理上的满足实际上是对家具艺术的一种认知过程，即美学上的审美要求。人们从家具造型的点、线、面、体、虚实、色彩等形成对家具的整体视觉感受。同时人们又从家具表面材质的柔软程度、粗糙程度、光滑程度、温暖程度感受到家具所带来的触觉信息。这些全面感受共同传递到人的中枢神经，激起人们的情感共鸣，产生愉快的情绪并得到美的享受。在对家具审美认知过程中，形式的美感、色彩刺激和宜人的功效都会让审美的主体即人得到一种快感，这种快感不是一般概念形象所能产生的，而是需要突破概念化、程序化的形象，达到新、奇、异、佳的效果，才能使人产生视觉的、触觉的快感，从而满足心理上的审美要求。暖色调卧室中家具与环境的心理表达如图 5-3 所示，家具与环境协调给人带来的稳定、舒畅的感觉如图 5-4 所示。

图 5-3　暖色调卧室中家具与环境的心理表达　　　　　　图 5-4　家具与环境协调给人带来的稳定、舒畅的感觉

二、心理对生理的影响　　　　　　　　　　　　　　　　　　　　TWO

　　人体是完整统一的有机体，人体的生理机能和心理机能往往是相互影响，相互制约的。人生理上的不适会影响到心理情绪，反之心理情绪会传导至生理机能而引起相应的反映。家具的审美不仅是人体生理需求，而且是人心理上的需求。

　　人们在日常生活中，通过对各种材质、造型和色彩的认知积累，形成了理性经验。因此人们接触物品时通过视觉的感知和经验的积累就可判断出物品的优劣。在家具设计中对材质、造型和色彩等的细部的处理，能给使用者的心理上产生很大的影响，甚至涉及对整个产品的审美评价。重视细部处理并加以精心制作，可以使家具使用者产生良好的视觉和心理印象，从而满足人的生理和心理需求（见图5-5）。如沙发的扶手，做工细腻、手感舒适，能使人产生对生活品质的追求。反之生产劣质的沙发会使人心理上产生消极情绪，劣质的沙发没用多久就会让人感到腰酸背疼，这就是心理情绪在视觉和触觉的作用下引起人体生理上的疲劳感。设计中造型的细部能给人带来心理影响，如图5-5所示。家具色彩的细部给人带来心理影响，如图5-6所示。

图5-5　设计中造型的细部能给人带来心理影响　　　　　图5-6　家具色彩的细部给人带来心理影响

三、家具设计的对应心理表达　　　　　　　　　　　　　　　　THREE

　　从家具的造型带给人的心理特征来看，人们通常是选择与自己爱好和性格适宜的家具。但也有一些人是赶潮流，市面上流行什么款式，就喜欢什么款式。人对家具的选择和人的年龄、职业、文化素养等有相当多的联系。一般年老人偏爱稳重、色调深沉具有古典样式的家具，因为他们的认知经验中积累有这方面的感性认知；青年人的认知经验中更多的是现代生活中的流行事物，求新、求异、求奇是年轻人所需求的家具造型样式。而对于儿童来说，他们的心理偏爱幻想、自然、纯真，在对家具的选择上喜欢色彩鲜明，象征性强的卡通造型。不仅是人的年龄层次会影响家具造型的选择趋势，性别也会对家具的造型有所影响。例如女性在家具的选择上多偏爱流线型的线条，暖色调的家具本色，而男性在家具的造型上多中意于简洁、明快的线条，色彩倾向于黑、白、灰和冷色调（见图5-7）。

　　随着人们生活水平的不断提高，对于家具设计中的心理表达要求也在不断细化。因此，家具设计要掌握好家具的造型心理特征，还要研究供使用的对象的接收度，使家具的造型设计具有鲜明的特征也有明确的使用对象群。

如素雅大方的沙发适合中年人在起居室中使用；古朴庄重的中式家具适合老年人在书房中使用；华贵富丽的酒柜适合在酒店的大堂使用；轻巧活泼的高低床适合学生在寝室中使用等（见图5-8）。设计师更须要通过市场信息的调查和对人使用家具的心理要求不断研究，才能设计出新颖的、为众多使用者所喜爱的家具产品。

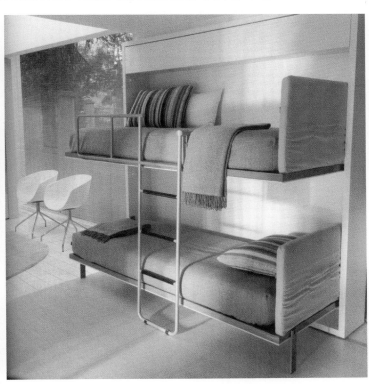

图5-7　明快的线条、黑白灰的色调给人爽朗与力量
　　　　的感觉

图5-8　轻巧活泼的高低床给人带来活泼轻快的感觉

第六章
家具设计的构造形式

THE STRUCTURAL FORM OF FURNITURE DESIGN

Furniture
Design（The Second Edition）

家具是由各种材料通过一定的连接方式组合而成的。家具零部件的结构和整体的装配结构是家具构造的重要组成部分。家具结构设计的目的是研究零部件自身及其相互间的接合方法和家具局部与整体构造的相互关系，它是直接为家具功能要求服务的，但它本身在一定的材料和技术条件限制下，考虑到家具要牢固而耐用，也有着不同的结构形式。合理的结构配置可以增强家具的强度，节省原材料，提高工艺性。因此结构的设计除了满足家具的基本功能要求外，还必须寻求一种简洁、牢固而经济的构筑方式，并赋予家具艺术表现力。

第一节

实木家具的结构形式 ◀◀◀

1. 实木家具的组成

在家具设计中运用最为广泛的是实木家具。它的结构形式主要由若干木质零件、部件和五金件所构成。零件是家具中最基本的组成部分，是经过加工后没有组装成部件或制品的最小单元。部件是由若干零件构成的，用于通过安装而直接形成制品的独立装配件，如脚架、台面板、柜门等。

2. 实木家具的接合方式

木家具都是由若干零部件按照一定的接合方式装配而成的，其常用的接合方式有榫接合、胶接合、木螺钉接合、钉接合和连接件接合等。采用的接合方式是否正确对木家具的美观、强度和加工过程都有直接影响。

① 榫接合：榫头嵌入榫眼或榫槽的接合，接合时通常都要施胶。榫头的形状有直角榫、燕尾榫、插入榫与椭圆榫等。

② 胶接合：单纯用胶来黏合家具的零部件或整个制品的接合方式。胶接合运用广泛，如短斜接长、窄斜拼宽、薄板加厚、空芯板的覆面胶合及单板多层弯曲木的胶合等。胶接合还被运用于其他接合方法不能使用的场合，如薄木贴面和板式部件封边等表面装饰工艺。胶接合的优点在于可以做到小材大用、节约木材、结构稳定，还可以提高和改善家具的装饰质量。

③ 木螺钉接合：通过木螺钉（木螺钉是一种金属制的简单的连接构件）连接的接合方式。这种连接不能多次拆装，否则会影响木制品的强度。木螺钉接合比较广泛地运用于家具的桌面板、椅座板、柜面、柜顶板、脚架、抽屉滑道等零部件的固定，拆装式家具的背板固定也可用螺钉连接，拉手、门锁、碰珠及金属连接件的安装也常用木螺钉接合。木螺钉的类型很多，常用的有十字头型、一字头型、内六角等。木螺钉接合的优点是操作简单且经济。

④ 连接件接合：通过连接件（连接件是一种特制的并可以多次拆装的构件）连接的接合方式。除金属连接件以外，还有尼龙和塑料等材料制作的连接件。对连接件的要求是：结构牢固可靠，能多次拆装，操作方便，不影响家具的功能与外观，具有一定的连接强度，能满足结构的需要。它广泛运用于拆装式家具，这样可以简化产品结构和生产过程，有利于产品的标准化和部件的通用化，有利于工业化生产。

3. 榫接合的分类与运用

榫接合是实木家具结构形式的重要组成部分，特别是榫的运用早在五六千年前中国的原始先民就知道用榫榫结构来建造原始的房屋。如在浙江余姚的河姆渡遗址的杆栏式原始建筑结构中，运用树木开凿榫槽结构构筑原始房屋的主要框架。在中国的传统家具中运用木材的物理特性设计相应的家具**榫槽**结构成为中式传统家具的主要构成形式。如椅、床、榻等几乎都是由**榫槽**结构组成的，既体现着传统特色家具形态的造型美，又体现着家具的结构美。从现代家具的接合方式中也可以发现**榫槽**的接合方式。其主要接合分类有以下几种类型。

① 单榫、双榫与多榫：以榫头的数目来分，有单榫、双榫和多榫等接合方式。一般框架的方材接合多采用单榫和双榫，如桌、椅、沙发框架的零件间接合等。箱框的板材接合则采用多榫接合，如衣箱与抽屉的角接合等。

② 明榫与暗榫：以榫头的贯通或不贯通来分，榫接合有明榫与暗榫之分。暗榫是家具表面不外露榫头以增强美观。明榫则因榫头暴露于外表而影响装饰质量，但明榫的强度比暗榫大，所以受力大的结构和非透明装饰的制品，如沙发框架、床架、工作台等明榫接合使用较多。

③ 开口榫、闭口榫和半闭口榫：以榫头侧面能否看到榫头来分，有开口榫、闭口榫与半闭口榫之分。直角开口榫的优点是榫槽加工简单，但由于榫端和榫头的侧面显露在外表面，因而影响制品的美观。而半闭口榫接合既可防止榫头的移动，又能增加胶合面积，因而具有两者的综合优点。一般应用于能被制品某一部分所掩盖的接合处以及制品的内部框架，如桌腿与上横档的接合部位，榫头的侧面就能够被桌面所掩盖而无损于外观。

④ 单面切肩榫与多面切肩榫：以榫肩的切割形式分，榫头有单面切肩榫、双面切肩榫、三面切肩榫与四面切肩榫之分。一般单面切肩榫用于方材厚度尺寸小的场合，三面切肩榫常用于闭口榫接合，而四面切肩榫则用于木框中横档带有槽口的端部榫接合。

⑤ 整体榫和插入榫：整体榫是榫头直接在方材上开出的，而插入榫与方材不是一个整体，它是单独加工后再装入方材预制孔或槽中，如圆榫或片状槽，主要用于板式家具的定位与接合。为了提高接合强度和防止零件扭动，采用圆榫接合时需要有两个以上的榫头。相对于整体榫而言，插入榫可显著节约木材，因为配料时省去了榫头部分的尺寸，据统计可节约木材 5%～6%。为了提高胶合强度，圆榫表面有储胶的沟纹。根据沟纹形状，圆榫还可分为若干类型（见图 6-1 至图 6-6）。

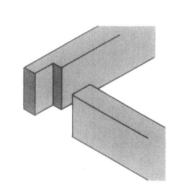

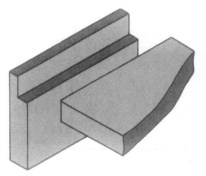

图 6-1　单面切肩榫图

图 6-2　纵向垂直扣榫

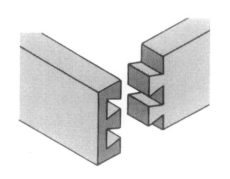

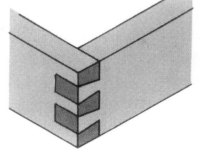

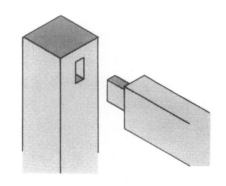

图 6-3　燕尾箱榫

图 6-4　直角不贯通单榫

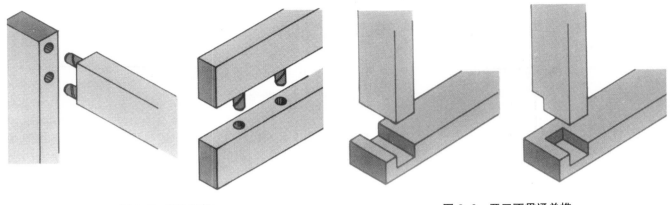

图6-5 插入圆榫   图6-6 开口不贯通单榫

第二节

框式家具的结构形式 ◀◀◀

主要由框架或木框嵌板结构所构成的家具称为框式家具。框式家具以实木为基材，主要部件为框架或木框嵌板结构，嵌板主要起分隔作用而不承重。传统家具绝大部分属于框式家具，其特点是加工复杂，费工费料，不便于机械化组装和涂饰。因此，框类家具已逐渐被板式家具所取代，而坐卧类家具仍以框式结构为主，凭倚类家具结构形式相对灵活。

1. 凭倚类家具结构

凭倚类家具主要包括餐桌、办公桌、写字台、课桌、茶几等。从材料上看有木质、金属制、塑料制、竹藤制等。其结构主要由面板、支架、附加柜体和零件等构成，这些部件由于材料和造型不同而有不同的结构形式。

（1）面板

面板在凭倚类家具中占有重要的位置，它是一个主要的部件。不但要求表面平整，而且要具有良好的工艺性。在结构上要求在受力的情况下不产生变形。选用的面板材料经涂饰和表面处理后，有一定的耐水、耐热和耐腐蚀性能，以适应不同场合的使用要求。面板通常多采用木材，如实木拼板、细木工板、空心覆面板、刨花板、多层胶合板等，还有传统的榫槽嵌板和适于小型桌（台）的活动芯面板。金属、塑料、玻璃、大理石、陶瓷、织物等制成的台面也属于家具面板的类型。面板的边缘经常受到触摸和碰撞，所以要求有牢固的封边，它要比柜类家具的封边要求更高（见图6-7和图6-8）。在具有扩展功能的桌（台）类家具中，面板的主要结构特点还可以通过折动或连动五金装置，改变面板的形状，如由方形变成矩形，由方形变成圆形，由圆形变成椭圆形等，以适应人的不同生活空间的使用需要。

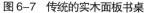

图6-7　传统的实木面板书桌

图6-8　现代办公空间中的塑料面板电脑桌

（2）支架

桌台等凭倚类家具的支架构成形式分为框架和板架两种。框架式支架的结构与柜类家具的脚架基本相似，但桌腿比柜脚长得多，所以腿与腿之间除望板连接外，常用横档支撑。框架式支架由桌腿、望板与横档连接而成，如果受压力较大，还必须采用相应的加固措施。板式支架是由各种人造板件或胶合成型板所构成的。板式支架与桌面板的接合可采用附加的构件进行间接或采用金属连接件直接连接。

（3）附加柜体

附加柜体式家具指写字台、绘图桌和实验台等柜体部分。这类桌（台）的结构复杂，柜体结构同柜类家具一样，有框式结构和板式结构两种，有带脚架或不带脚架。柜体与面板的连接可以是整体式，也可以是拆装式。

（4）桌面与支架的连接

桌面板显露在视平线以下，要求板面平整、美观，所有榫头、圆钉或螺钉不允许显露于外表，其常见的接合形式为整体式也可以是拆装式。

2．椅类家具的结构

椅子一般由支架、座面、靠背板、扶手等零部件构成。椅子支架的结构是否合理，直接影响椅子的使用功能与接合强度。如人坐在椅子上常会前后摆动或摇晃，这就要求椅子要有足够的强度和稳定性。支架由前、后腿通过望板和横档的连接所构成。其接合方式随着椅子的类型和材料不同而有不同的结构。支架与座板、靠背的连接方式有固定式结构、嵌入式结构和拆装式结构等三种。

（1）固定式结构

椅靠背用木方条或板条直接与两后腿用榫接合连接。座板与支架采用螺钉固定，同桌面与望板的接合方法一样，多采用榫接合，不可再次拆装，椅腿与望板间用塞角加固。

（2）嵌入式结构

将椅子分成几部分，单独组装后再组成制品，如坐垫与靠背，分别制成木框后包软面再嵌入椅支架的座框内，该结构加工较为方便（见图6-9和图6-10）。

（3）拆装式结构

支架与座垫、靠背等零部件采用金属连接件接合，可以涂饰后组装，也可以组装后再涂饰。

图 6-9　制作过程中木质沙发的骨架结构　　　　图 6-10　制作完成后的坐垫和靠背嵌入其骨架中

3. 床类家具的结构

床有单人床、双人床、单层床与双层床之分。从结构看，有框式和板式结构之分，此外还有拉伸式、折叠式和组合式等多种形式。床由床头（屏）、床架与铺板所构成。床头可以制成床屏，也可以制成柜体，床板下面还可以设置抽屉或箱体等，以便存放物件（见图 6-11）。

图 6-11　框式结构双人床

第三节

板式家具的结构形式 ◀◀◀◀

1. 板式家具的材料与结构特点

（1）板式家具的用材

板式家具主要以人造板为基材。作为一种标准工业板材，人造板使家具这一传统行业发生了革命性的变化。因为这种材料克服了天然木材的某些缺点而为家具的工业化生产打开了方便之门。制造板式部件的材料可分为实心板和空心板两大类。实心板包括覆面刨花板、中密度纤维板、细木工板和多层胶合板等。空心板是用胶合板、平板作覆面板，中间填充一些轻质芯料的一种人造板材，空心板根据芯料的结构不同可以分为栅状空心板、格状空心板、网格空心板、蜂窝空心板等。某些场合甚至用刨花板或中密度纤维板作覆面材料与空心框胶合起来使用。由于内部材料不同，空心板的种类也出现很多如木条空心板、纸质蜂窝板、发泡塑料空心板、玉米芯或葵花秆作芯料的空心板等。

（2）板式家具的结构特点

板式家具的结构应包括板式部件本身的结构和板式部件之间的连接结构，其主要特点如下。

① 节约木材，有利于保护生态环境。

② 结构稳定，不易变形。

③ 自动化高效生产可以做到高产量，从而增加利润。

④ 加工精度由高性能的机械来保证，从而可生产出满足消费者要求的高品质产品。

⑤ 家具制造无须依靠传统的熟练木工。

⑥ 预先进行的生产设计可减少材料和劳动力消耗。

⑦ 便于质量监控。

⑧ 使用定厚工业板材，可减少厚度上的尺寸误差。

⑨便于搬运和自行装配。图 6-12 和图 6-13 所示为板式家具。

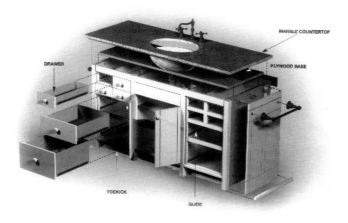

图 6-12　可拆装方便的板式卫生间家具

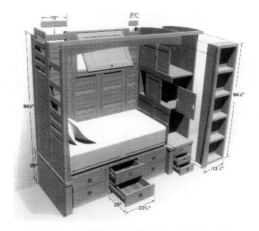

图 6-13　可拆装方便的儿童书柜及睡床

2. 32 mm系统设计

(1) 32 mm系统的由来

32 mm系统起源于第二次世界大战后的欧洲。由于战后住宅业的兴盛，作为人们基本生活必需品之一的家具，其需求量突然增长，出现了严重的市场短缺。如果继续沿用当时的传统家具结构和制作方法，即使在相当长的时期内也无法解决这样的供需矛盾。因此，家具制造商们急切寻求一种能够大批量制造家具的有效方法。为实现家具零部件的社会化大生产，一些大幅面的木质新材料如刨花板和塑料贴面材料被投入市场，五金件厂商也提供了一些可拆装的家具五金配件。木制品生产企业首先在如衣柜、书柜、室内楼梯、室内门等产品上尝试了"散件供货，现场组装"的销售方法。这种销售方法成了32 mm系统产生的催化剂，从而在对市场需求量大的柜类开始使用旁板为基础，钻上成排的孔，用于安装门、顶板、隔板、底板、抽屉等。这样，以一种模式化理念来设计32 mm系统制造家具的思想就诞生了，家具五金件与材料、设备的生产企业同时也积极响应，为模式化生产家具提供了硬件基础条件。先进的家具生产理念被许多发达国家引进，并形成各自的生产系统，28 mm、30 mm、32 mm等模数的家具在世界各国生产出来了。但由于欧洲的机械工程师认为高速转动齿轮的直径如果超过了40 mm则制造技术要求高，小于30 mm又会大大影响齿轮装置的寿命，欧洲采用英制，在英制系列中1英寸、1.25英寸、1.5英寸换算成公制分别为25.4 mm、31.75 mm、38.1 mm，显然在30 mm与40 mm之间，用32 mm是最贴近英制系列中1.25英寸的。因此，欧洲的家具厂商、五金件厂商和设备厂商都达成共识，生产32 mm间距的多轴排孔钻，32 mm的连接件，并占领国际市场，从而使32 mm系统成为国际上共同遵循的板式家具设计与生产的规范。

(2) 什么是32 mm系统

所谓32 mm系统是指一种新型结构形式与制造体系。"32 mm"一词是指板件前后、上下两孔之间的距离是32 mm或32 mm的整数倍，在欧洲被称为"EURO"系统。其中：E——essential knowledge，基本知识；U——unique tooling，专用设备；R——required hardware，五金件的性能与技术参数；O——ongoing ability，不断掌握关键技术。

32 mm系列称为自行装配家具，也称拆装家具（knock down furniture，KDF），并进一步发展成为待装（ready to assemble，RTA）家具及DIY（do it yourself）家具。

32 mm系列自行装配家具最大的特点是，产品就是板件。可以通过购买不同的板件，而自行组装成不同款式的家具，用户不仅仅是消费者，同时也是参与设计者和制作者。因此，板件的标准化、系列化及互换性应是板式家具结构设计的重点。另外，在32 mm系列自行装配家具的生产上，因采用标准化生产，不仅便于质量控制，而且提高了加工精度及生产率；在其包装储运上，因采用板件包装堆放，从而有效地利用了储存空间，并且减少了家具在运输途中的破损和大件家具搬运难等问题。

32 mm系统是以标准化的板式部件为基本单元，以五金件连接为基本接合方式，通过模数为32 mm的标准"接口"在结构装配上实现快装、快拆或待装。在结构形式上能自由组合，在功能上能作适度调节或扩展，在资源消耗上能节省材料或少用优质木材，在物流上能降低运输成本，在制造上能实现简洁、高效的家具结构与制造体系。

(3) 32 mm系统的特点

32 mm系统是一个十分复杂的系统，它不仅考虑了旁板上的孔径及孔间距的关系，而且综合考虑了家具材料、结构、设备、生产工艺、五金配件、包装、运输、销售、使用终端等家具产品生产中的每一个因素，是一个根据系统工程基本原理优化出来的家具设计与制造系统。这个系统可以分解为32 mm设计系统和32 mm制造系统。

32 mm系统有以下特点：① 在接合方式上抛弃了数千年的榫接合方式；② 在装配方式上打破了传统的一次性接合及在工厂组装方式，采用可拆装及在客户现场快速组装的方式；③ 在构造上采用以32 mm接口的板式部件为基本单元，以旁板为核心部件的构造方式；④ 在生产上便于实现机械化、自动化、高效率生产的目标；⑤ 在设计与制造理念上提倡产品和部件的系列化、标准化、通用化及模块化；⑥ 在构造形式、储藏空间、功能、尺度等方面能作适度变化、扩充或调节，充分体现 DIY 的能力；⑦ 在资源消耗上能节省材料或少用优质木材；⑧ 在家具流通、库存上能实现小体积运输或仓库存放。

（4）32 mm 系统的标准和规范

到目前为止，国际上对 32 mm 系统尚未制定统一的国际标准规范。但在长期的实践和推行过程中形成了共同的守约，即 32 mm 系统的基本规范。32 mm 系统以旁板的设计为核心。旁板是家具中最主要的骨架部件，顶板（面板）、底板、层板及抽屉道轨都必须与旁板接合。因此，旁板的设计在 32 mm 系列家具设计中至关重要。在设计中，旁板上主要有两类不同概念的孔：结构孔、系统孔。前者是形成柜类家具框架体所必须的结合孔；后者用于装配隔板、抽屉、门板等零部件的孔；两类孔的布局是否合理，是 32 mm 系统成败的关键。32 mm 系统的基本规范如下：① 板式部件是板式家具的基本单元；② 旁板是板式家具的核心部件，门、抽屉、顶板、面板、底板及隔板等都能通过拆装式五金件连接到旁板上；③ 旁板上开有结构孔和系统孔。结构孔主要用于连接水平结构板件，系统孔用于安装铰链、抽屉滑道、隔板等；④ 旁板上系统孔、结构孔间的距离为 32 mm 或是 32 mm 的整数倍；⑤ 系统孔的直径为 5 mm，孔深为 13 mm，结构孔的孔径根据五金连接件的要求而定，一般常用的孔径为 5 mm、8 mm、10 mm、15 mm、25 mm 等；⑥ 旁板上第一列竖排系统孔中心到旁板前边缘之间的距离，盖门式结构时为 37 mm，嵌门式结构时为门的嵌入量加上 37 mm。32 mm 系统还在不断的完善与发展中，今后可能会将这些规范进行修订或补充。

第四节

软体家具的结构形式 ◀◀◀

软体家具通常是指坐、卧类家具与人体接触的部位由软体材料（软质材料）所构成的家具。

1. 支架结构

软体家具的支架有木质、钢制和塑料制及钢木结合等（见图 6-14），也有不用支架的全软体家具。木支架主要采用明榫接合、螺钉接合、圆钉接合、连接件接合等。一般都属于框架结构，最好用坚固的木材制作框架，除扶手和脚型等露在外面的构件外，其他构件的加工精度要求不高。

2. 软体结构

（1）薄型软体结构

薄型软体结构也称半软体，如用藤面、绳面、布面、皮革面、塑料编织面、棕绷面及人造革面等材料制作的家具，也有用薄层海绵的。这些半软体材料有的直接编织在坐框上，有的缝挂在坐框上，有的单独编织在木框上再嵌入座框内（见图 6-15）。

（2）厚型软体结构

通常称为软垫，由底胎（或绷带）、泡沫塑料（或乳胶）与面料构成，另有弹簧结构的厚型坐面。弹簧有盘形弹簧、拉簧、蛇行弹簧等（见图 6-16 至图 6-18）。

图 6-14　由金属支架作为内部结构的按摩椅

图 6-15　薄型软体家具

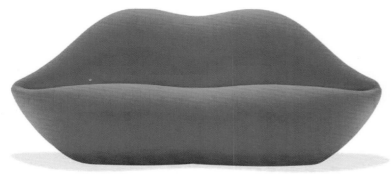

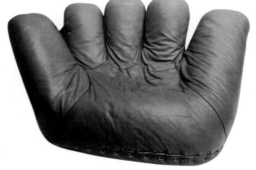

图 6-16　厚型的软体家具——达利设计的"唇形沙发"

图 6-17　厚型的舒适软体家具——"手掌形沙发"

3. 充气家具

充气家具有独特的结构形式，主要构件由各种气囊组成。其主要特点是可自行充气组装成各种充气家具，携带或存放都很方便，多用于旅行家具。如各种海滩躺椅、水上用床、各种轻便沙发椅和旅行用坐椅等（见图 6-19）。

图 6-18　现代软体长沙发与圆形杂志篓

图 6-19　柔软舒适的充气沙发

金属家具的结构形式 ◀◀◀◀

1. 零件的接合

在金属家具中，将两个以上零件连接在一起的方法有焊接、铆接、螺栓与螺钉连接、咬缝连接等四种方法。

2. 装配结构

部件装配结构可采用螺纹连接、插接及型材连接件连接等。金属构件与木材等其他材料的连接一般用螺栓或螺钉来实现。

3. 折叠结构

能折动或叠放的家具，称为折叠式家具，常用于桌、椅类。其主要特点是使用后或存放时可以折叠起来，便于携带、存放与运输，所以折叠式家具适用于经常需要换场地的公共场所，如餐厅、会场等。

① 折动式家具　主要采用实木与金属制作，尤以后者为多。折动式家具的设计，既要有结构的灵活折动功能，又要保证家具的主要尺度，如椅子座高、夹角等。折动结构都有两条或多条折动接线，在每条折动线上可设置不同距离、不同数量的折动点，但必须使各个折动点之间的距离总和与这条线的长度相等，这样才能折得动，合得拢。

② 叠积式家具　数件相同形式的家具，通过叠积，不仅节省占地面积，而且方便搬运。越合理的叠积式家具，叠积的件数越多。叠积式家具有柜类、桌台类、床类和椅类，常见的是椅类。叠积结构并不特殊，主要在脚架及脚架与背板空间中的位置上来考虑"叠"的方式（见图 6-20 和图 6-21）。

图 6-20　叠积式座椅

图 6-21　叠积式蚁形椅

第六节

家具设计的五金件运用 ❮❮❮❮

拆装式家具的问世，人造板材的广泛应用，以及"32 mm 系统"产生和发展，为现代家具五金配件的形成与发展奠定了坚实的基础。办公室自动化，厨房家具的变革及现代家具设计"可持续发展"、"以人为本"、"绿色建筑"的环境设计原则的提出再一次促进和推动了家具五金工业向高层次发展，家具五金配件逐渐走进国际化时代。随着现代家具五金工业体系的形成，国际标准化组织于 1987 年颁布了 ISO8554，ISO8555 家具五金分类标准，将家具五金分为九类：锁、连接件、铰链、滑道、位置保持装置、高度调整装置、支承件、拉手、脚轮。

1. 锁

锁通常用来锁门与抽屉，根据锁用于部件的不同，可分为玻璃门锁、柜锁、移门锁等。锁的接口是门与抽屉面上打上圆形通孔，办公家具中的一组抽屉常用连锁，锁头安装与普通锁无异，只是有一条长的锁杆嵌在旁板所开的专用槽口内，与每个抽屉配上相应的挂钩装置。

2. 结构连接件

固定式装配结构一般用带胶的圆榫连接，拆装式结构中最常用的是各种连接件。连接件是各类五金中应用最广的一种。

（1）材料及表面处理

连接件常用的材料有钢、锌合金及工程塑料等，表面处理为镀锌、抛光、镀镍、镀铜与仿古铜等。

（2）品种分类

可分为"一次性固定"及"可拆装"两大类。可拆装连接件按家具用基材可分为实木家具拆装连接件、板式家具拆装连接件、金属家具拆装连接件及其他家具拆装连接件。按技术家具的类别可以分为柜类家具拆装连接件、桌类家具拆装连接件、椅类家具拆装连接件、床类家具拆装连接件、附墙家具拆装连接件。

（3）结构特征

"钻孔安装"是现代工业生产中采用的主要方式，因而大部分拆装连接件具有圆柱形外形的结构特点，但一些处在隐蔽部位的拆装连接件则不受此限制。拆装连接件一般由 1～3 个部件配成一副，其中比例最大的是由 2 个部件配成一副的拆装连接件，称作"子母件"，子件多为螺钉或螺杆，但带有与母件相配合的各种结构形式的螺杆头。母件多为圆柱体并带有可与子件杆头相配合的"腹腔"，子母件多处在被连接部件的一方。子件首先在甲部件上固紧，然后穿过乙部件进入母体的"腹腔"再将母体或母体腹腔内的部件转动一个角度，两者的配合便进入扣紧状态，从而实现了部件之间的连接。母体腹腔内最初采用的是具有偏心凸轮形状的（蜗线状的）腔道结构设计，故亦称作"偏心连接件"，这类产品仍在大量使用，但新的结构已在不断开发。

（4）连接方式

子件：通过螺钉（自身结构或另配）与部件连接，也可以借助于预埋螺母来连接。前者常以 6 mm 欧式螺钉与 5 mm 预钻孔直接配合，后者常用 10 mm 预埋螺母。

母件：根据其功能、结构、形状不同而异，可以是自身在部件预钻孔内活嵌、孔嵌或另通过螺钉与部件相连接。

（5）技术规范和标准

拆装连接件品种结构繁多，新品种还在不断地开发，但绝大多数以钻孔安装为主，并且其安装孔径已被规范 3 mm，5 mm，8 mm，10 mm，15 mm 为子件采用，18 mm，20 mm，25 mm，28 mm，30 mm，35 mm 为母件采用。目前，国内企业用得最多得是偏心连接件，常用连接母件的直径有 10 mm、15 mm、25 mm 等，柜体结构中原来常用 25 mm，现在多用 15 mm，后者视觉效果要好些，而连接强度与母件直径几乎无关，10 mm 的连接母件常被用于拆装式抽屉上。

拉杆长度规格较多，常用的尺寸是使母件孔心离边缘尺寸为 24.5 mm 或 33.5 mm(现在通常取整数为 25 mm 或 34 mm)。为便于抽屉的标准化、通用化设计，一般认为后者更合适。为了增强对安装工具的适应性，连接母件上与工具的接口最好选择"三用型"，即可用"一字"、"十字"与"内六角"三种工具中的任一种来进行操作。

3. 铰链

铰链是重要的功能五金之一，铰链品种有门头铰、合页铰、杯型暗铰链与玻璃门铰等。其中技术难度最大者首推暗铰链（见图 6-22 和图 6-23）。

（1）材料及表面处理

铰杯：锌合金压铸，镀镍；钢板冲压，镀镍；不锈钢冲压；尼龙。

铰壁：与铰杯相仿。

底座：锌合金压铸，镀镍；尼龙。

（2）品种分类

主要根据用途分类。品种以常规的直臂、小曲臂、大曲臂、35 及 26 杯径为主。开启角一般在 90° 至 180° 范围内。欧洲与日本的企业还向用户提供一些特型的暗铰链，以适应门与旁板非 90° 并闭形式（如角框的设计要求，为适应某些特重门的需求，铰杯直径还有加大到 40 的（见图 6-24 至图 6-27）。

图 6-22 一般的门合页

图 6-23 特色门合页

图 6-24 不同用途的柜门铰链（一）

图 6-25 不同用途的柜门铰链（二）

图 6-26 不同用途的柜门铰链（三）

图 6-27 不同用途的柜门铰链（四）

（3）结构特点

铰链形式一般为单四连杆机械，现已能使开启角达到130°，当要求更大开启角时，采用双四连杆机构。为实现门的自弹和自闭，现一般均附带弹簧结构，簧的结构形式包括圈簧（采用矩形截面的钢丝）、片簧、弓簧（外装）、反舌簧（内装）等。有些要求高的场合还需弹性结构在开启角达到45°以上时能在空间定位，以免松手时门猛烈关闭而发出惊人的响声并损伤柜体。

（4）连接方式

铰杯与门：除预钻盲孔35或26嵌装铰杯外，主要通过铰杯两侧耳片上的安装孔（两孔）与门连接。当门的长度达到要求安装3个或3个以上铰链时，中间的暗铰链也可用不带耳片的塑料铰杯，以降低成本。紧固件为螺钉或带倒齿的尼龙塞。对刨花板或中密度纤维板的门现均采用3 mm或5 mm的刨花板专用螺钉或6 mm的欧式螺钉。

铰臂与底座：有匙孔式、滑配式和按扣式等三种连接方式。

底座与旁板：同铰杯与门的连接方式相仿，但标准的方式是采用6 mm欧式螺钉装于5 mm系统中。

4. 滑动装置

滑动装置是一种重要的功能五金，最典型的滑动装置是抽屉导轨，此外还有移门滑道、电视或餐台面用的圆盘转动滑道、铰链与滑道的联合装置（如电视机柜内藏门机构）等。

（1）抽屉道轨

抽屉滑道根据其滑动的方式不同，可以分为滑轮式和滚珠式；根据安装位置的不同，又可分为托底式、中嵌式、底部两侧安装式、底部中间安装式等；根据抽屉拉出距离柜体的多少可分为：单节道轨、双节道轨、三节道轨等。三节道轨多用于高档或抽屉需要完全拉出的产品中。产品有多种规格，一般用英制，可根据抽屉侧板的长度自由选择。

（2）门滑道

家具的门，除采用转动开启方式外，还可平移、转动平移、折叠平移等多种开启方式。采用平移或兼有平移功能的开启方式可以节省转动开门时所必需的空间，所以门滑道在越来越多的产品中被广泛应用。其门开启方式以最常用的移门滑道为例，它主要由滑轮、滑轨、和限位装置组成，根据承载能力的安装方式不同，可选择多种不同形式的产品。在门板上下钻孔装滚轮，并用螺钉固定在门板上；在柜体的顶板底面与底板面分别开槽，安装导轨及限位装置。

5. 支承件

主要用于支撑柜体或家具构件，如各种隔板承托构件等（见图6-28至图6-30）。

图6-28 隔板承托构件（一）　　　　图6-29 隔板承托构件（二）　　　　图6-30 隔板构承托件（三）

6. 拉手、挖手

拉手属于装饰五金类，在家具中起着重要的点缀作用，其形式和品种繁多，有金属拉手、大理石拉手、塑料拉手、实木拉手，瓷器拉手等，还有专门用于趟门的趟门拉手（挖手），如图6-31至图6-36所示。

拉手与柜门或抽屉面板的连接主要靠机螺钉连接。塑料拉手、尼龙拉手、实木拉手等常用嵌铜螺母配机螺钉接合。在柜门或抽屉面上常预钻 φ4 mm通孔。挖手则需在柜门或抽屉面板上开出相应的孔，上胶或不上胶连接。在拉手的设计时，考虑到现代家具的标准化、通用化生产，所有的孔距标准均符合32 mm系统。

图6-31 适合于不同尺度家具的同种风格拉手

图6-32 柜门球形拉手

图6-33 柜门条形拉手

图6-34 抽屉环形拉手

图6-35 柜门环形拉手

图6-36 抽屉拉手

7. 脚轮、脚座

脚轮常装于柜、桌的底部，以便移动家具。根据连接方式的不同，可分为平底式、丝扣式、插销式三种。脚轮底座又可以装置刹车（当踩下刹车，可以固定脚轮，不使其滑动）。平底式采用螺钉接合，丝扣式采用螺丝与预埋螺母接合，插销式采用插销与预埋套筒接合。

第七章
家具与环境艺术设计

FURNITURE AND ENVIRONMENTAL ART DESIGN

Furniture
Design (The Second Edition)

家具虽然是物质产品，但它具有两方面的功能：物质使用功能与精神享受功能。一方面能供人使用，满足人生活、工作的物质需求，同时又具有较高的审美价值，给人精神享受。在人们的生活环境中，无论是室内还是室外，都可以发现很多功能齐备，美观舒适的家具。当今家具的实用性和艺术性在人们日常生活的环境中已体现得淋漓尽致，其造型、色彩、质地所表现出的个性特质具有显著的精神享受功能，它渗透着时代的文化韵味，体现了民族的地域文化和生活风貌。

第一节

家具与室内环境设计 ◀◀◀

家具是室内外环境设计中的一个重要的组成部分。人们的日常生活、工作、学习，无不与家具密切相关。在室内空间中，家具的陈设设计可以体现室内的风格。无论是公共的商业空间、办公空间、还是私密的居住空间，各类家具扮演着不同的角色，给人们的生活带来无穷的情感体验。虽然家具在室内环境中的作用很大，但是也受一定的制约，不同的室内空间大小、形态、门窗的形式、门窗的位置、室内的整体风格等都对家具的陈设设计有影响，因此家具与室内设计的关系是密不可分、相互作用的。运用家具来组成不同的室内空间形态，组织空间布局是室内设计中的一种直接的手法，家具的色彩能够体现室内空间的风格特色，协调室内墙面的整体色彩。总之，家具是在室内环境设计中产生良好空间艺术效果的直接手段。

1. 家具与室内空间形态

空间的形状、大小、比例对家具设计有较大的影响。如果有不理想的空间形态，可以利用家具来弥补。其设计方法可以从两方面着手：一是家具的造型、比例及尺度与空间形态相适应；二是家具的色彩有助于改变空间的尺度感，使人在室内空间中产生舒适的情感共鸣。在室内尺度大的空间中，家具的尺度也可以相应较大，造型也应丰富而有变化一些，从而与宽敞高大的室内空间环境相适应，形成良好的尺度关系和视觉平衡，给人以稳重、明亮、情绪舒畅之感。而在室内尺度小的空间内，陈设家具往往要以小尺度或低矮的家具造型为主，运用垂直线可以增加室内的空间层高感受（见图7-1）。在室内较大的房间中可以强调水平线，以加大空间的纵深感，给人宁静、随和、舒适的感觉。另外在对于一些异形空间的室内家具的陈设处理上则应使家具顺应空间的高低凸凹变化，形成别具一格的独特风格，体现室内空间的个性。

利用家具的色彩也能有效的改变室内空间形态的感受。运用不同的色彩变化，如色彩的渐变、色彩的混合、明度与纯度的对比，可以将室内空间的形态进行延伸和扩展，使之产生空间形态的变化效应。

图7-1 垂直线条，使小空间的室内空间变高

　　另外，不同颜色的家具可以用来调整室内空间的整体尺度，使人产生不同的视觉感受。如要使室内空间充满生机和活力，可以选择一些暖色的家具，以造成空间的充实感受；如果要使相对狭小的房间空间变大，可选用浅色、白色或冷色的家具来装饰室内空间。反之，利用深色木质做成的家具可以使空间变小（见图7-2）。

2. 家具与室内空间组织

　　在空间的组织上，家具的运用起着很大的作用，空间的开、合、通、断，均可由家具的陈设设计来体现。通过特色家具对不同空间进行合理的组织安排，可以起到变化室内空间层次的效果。家具在室内设计中不仅可起到分隔空间、联系空间、转换空间的作用，而且能使室内空间更加具有条理性和风格的统一性。

　　① 分隔空间：现代建筑中许多室内空间需要分隔，形成室内小空间，从而提高室内空间的利用率，以适应不同功能的需要。家具作为一种独立表现形式是最方便灵活的分隔手段。在现代住宅室内空间中，常将餐厅与客厅用博古架或矮柜进行分隔，使空间既分隔又有联系。在现代的办公空间中，常常是将开敞的办公形式分隔成大小不同的办公围合空间，用家具将办公、会议、接待等空间有效的合理组合与划分，形成各自不同的功能空间，这种分隔方式使空间隔而不断，方便联系，也有一定的私密感，受到人们的喜爱（见图7-3）。

图 7-2　运用深色木质做成的书房
　　　　 沙发，使空间变小

图 7-3　运用书桌将洽谈空间与工作空间进行分隔

　　② 填补空间：通过家具的不同位置、体量来调整室内空间构成，这种设计可以使室内空间的构成达到一种均衡的视觉效果。当建筑空间形态欠佳，须要调整改善或加以利用时，也可通过家具来处理，这不仅能改善空间效果，同时也提高了空间的利用率，尤其对于面积较小的房间，这种方式十分有效。在一些异形空间、转角空间、楼梯空间等不规则空间通过家具的调整使空间变得整齐统一（见图7-4至图7-6）。

　　③ 限定空间：在大空间中利用家具的围合、组织，来划分和限定某些特定空间，从而创造室内丰富的空间层次。如在酒店大堂的休息区，通常用若干组沙发围合成一个休息区，同时

图 7-4　运用家具来填补客厅的不规则空间

图7-5　通过在楼梯下放置家具，体现室内空间的完整性

图7-6　利用不同风格的家具造型来填补室内二层空间

运用地毯的色彩和图案，灯光的效果布置，使这一区域空间限定出来，形成整体突出，并有实用性功能的视觉空间（见图7-7和图7-8）。

图7-7　酒店大堂的休息区用沙发和休息椅将大空间
进行分隔，增加多个小空间，并增强从属性

图7-8　西餐厅中由家具围合形成的
弧形的开敞空间

3. 家具风格与室内环境设计

　　家具通过其造型、色彩、材料等表现出不同的时代风格、地域特征、民族特色等。如巴洛克风格家具的豪华富丽、洛可可风格家具的典雅高贵、中式家具的内敛与淳朴、意大利现代家具的清新雅致、北欧家具的简约时尚

等。在室内环境设计中，选择适当的家具与室内的整体设计风格相协调是室内设计师必备的专业素养。风格适宜的家具可以加强室内环境的气氛，使人们得到更多的环境享受与愉悦。反之，不同功能与不同风格的室内环境空间对家具的设计也有特殊的要求。家具与室内环境之间相互作用、相互影响（见图7-9至图7-11）。

图7-9　在中餐厅利用传统图案的花罩和博古架体现中式风格的室内设计

4. 家具色彩与环境设计

家具的色彩应与室内整体环境的色彩基调协调，并且与周围的功能空间符合。在公共空间的室内设计中，家具的色彩不仅仅是同一种室内风格的协调，而且也是心理环境设计的完美体现。如麦当劳快餐厅多设置红色面座椅，其原因是求得更加快捷的进餐方式，红色给人火一样的热情和速度感，人们在进餐后看到红色的座椅不会久坐便离开，这样使得进入麦当劳进餐人流量的频率就会大大提高，企业由此提高收益。家具的色彩与空间的关系往往体现的是物体与背景色的关系。大面积的空间界面的色彩，会对家具的美感产生影响，协调的家具色彩与环境的关系，会起到烘托家具的作用。浅色的家具使房间显得开阔宽敞，深色的家具有收缩空间的效果。此外，家具的色彩还应与家具的造型、风格相协调，如具有中国传统家具的室内空间，应以深色为宜，这样更能体现出中国传统家具端庄、内敛；欧洲传统的家具风格应以中间色的皮革、布艺作为主要座椅和沙发的面料，体现典雅的气质。在室外运用一些色彩能够和建筑环境适宜的家具（见图7-12至图7-15）。

图7-10　洛可可风格的家具构成西方的古典风格的室内设计

图7-11　金茂酒店休息空间中的简约风格家具体现着时代感

5. 家具与植物陈设设计

在现代室内设计中，为了满足人们对大自然的渴求，常常在室内做一些植物的陈设设计。这些山水盆景、插花盆栽都需要一些适宜的家具进行承托或陪衬。尤其是在一些公共空间，如酒店的大堂、办公空间的接待大厅、商业空间的中庭更应如此等。在有些旅游景区，合理的安排家具与植物搭配会给人带来美的享受。

在室内设计中，植物的形态大小与家具的设计有着密切关系。尺度小的盆景一般多配置组合柜、茶几、博古架等家具；吊兰则宜放在花架、博古架或组合柜上的较高处，这样可以充分显示其枝条的形态美；文竹可以放在

图 7-12　古朴的中式深色家具与同类色的室内空
　　　　　间环境协调

图 7-13　Breaker 酒店餐厅中传统家具与古典
　　　　　风格室内空间色彩相协调

图 7-14　红色座椅为主的冰淇淋店

图 7-15　家具的色彩与室外空间环境协调

　　书房的书桌上，体现儒雅的个性和清新的室内环境氛围。在客厅或餐厅里可以相应陈设一些插花，这样可以使空间充满生机和活力，所用的家具可以是专门设计的屏风或隔断。有时在电视柜上陈列一些干花或干果如莲蓬、葫芦等，可以使家具本身带来丰富的层次感，同时也会给室内空间带来一些朴实的情趣。

　　花卉植物的造型、尺度、色彩、气质等应与衬托的家具相协调，使两者融为一个整体，相映成趣。在当今提倡绿色建筑、崇尚回归大自然的设计理念下，对大自然的追求也体现在家具及陈设的设计上，花卉植物本身的承托物就犹如一件精美的艺术品，在室内外环境中给空间带来美的视觉享受（见图 7-16 至图 7-20）。如一些根雕家具本身就是植物，其自然的外形，粗犷浑厚，是很多家庭和酒店作为茶室内家具的最佳选择。

图 7–16　酒店大堂内用根雕做成的椅子

图 7–17　白天鹅宾馆内中餐厅入口处木质花几的陶瓷花盆与桌案的造型、色彩协调

图 7–18　石象造型的花几设计

图 7–19　陶瓷花几与盆景协调

图 7–20　铁艺花架与盆景协调

第二节

家具与城市景观设计 ◀◀◀◀

环境艺术设计包括室外的园林景观设计。它是近几年在国内兴起的一类设计专业。在人们的生活中离不开环境景观的营造，景观中的休闲、娱乐、活动、集会等空间都离不开家具的设计，这类城市景观中的特殊家具被称之为城市家具，它们包括城市空间中的休息凳、休息椅、电话亭、路灯、亭廊、花架、指示牌等。在城市的公共环境中，这类家具起到了很强的功能性的作用，不仅如此，现代城市中这类家具的设置也在不断地提醒人们对室外景观空间环境的保护意识，通过城市家具了解城市特征，提高人们的文化修养。城市家具的统一性、风格性、完整性的建立也标志着城市文明的推进，在城市设计中占有很重要的地位。

1. 居住区中的公共家具设计

居住区是具有一定规模的居民聚居地，它为居民提供居住生活空间和各种设施。居住区中的环境设计包括各类场地和设施的设计，如儿童的游乐场，老年人活动休息健身场地、青少年体育活动场地等。在这些场地中需要设置一些小区中的特殊家具，如自行车棚、垃圾箱、道路标志、书报亭、邮箱等。在满足使用要求的前提下，其造型和色彩等都应精心地考虑。特别是对小区内垃圾箱、废物桶等的设计，它们与居民的生活密切相关，既要方便群众，又要环保和美观（见图7-21和图7-22）。在国外，居民小区中的垃圾都是分类存放的，按照不同的色彩设计垃圾箱，让人们牢牢记住可回收垃圾和不可回收垃圾的区别，提高环保意识（见图7-23）。

在居住区的公共家具中，还应根据不同年龄的人设计不同的休息座椅，如在儿童活动区域设计软质座椅，并用海绵在座椅周围安置地垫，这样无论是刚会走路的儿童还是可以自由活动的小学生都能在地垫上自由、放松地玩耍。根据地域的气候差异选择座椅的材料，例如运用不锈钢设计座椅，在南方地区比较实用，因为南方地区多雨，此种材料在室外不易变形。照明灯具在小区设计中属于一类特别的造型家具，它在设计上要求样式、高度和

图7-21 小区中木质垃圾筒具有环保意识 　　图7-22 小区中的古典风格垃圾筒与小区的建筑风格协调一致 　　图7-23 美国小区中的垃圾分类,纸板类垃圾入蓝桶、玻璃瓶类垃圾入黄桶

艺术美感都与小区本身的景观设计风格协调，灯具的设计要有功能性和实用性的考虑。

2. 城市中心区中的公共家具设计

城市的中心区是一个综合的概念，是城市结构的核心地区，是城市功能的重要组成部分。它为城市经济、政治、文化、社会等提供活动设施和服务空间。它的功能包括商务功能、信息服务功能、生活服务功能、社会服务功能、专业市场、行政管理职能等。在城市的中心区中有一些附属的城市公共家具存在，如洗手间、售货亭、广告牌、指示牌、宣传栏、路灯、电话亭、钟塔、栏杆、休息座椅等。这些街头城市家具除了满足一定的使用要求外，也体现着城市中心区的设计风格。它具有时代特色的审美情趣。艺术性和审美价值的凸显，使这些城市家具起到丰富城市中心环境景观的作用，同时特色的设计也能代表一定的城市地域性特征，体现当地的文化和风土民情（见图 7-24 至图 7-26）。

图 7-24 美国西棕榈滩现代城市广场中的白色坐凳

图 7-25 美国"MGM Studio"的小商亭

图 7-26 马来西亚城市广场中心区的休息坐凳与伊斯兰教的图案相结合

3. 城市绿地景观中的公共家具设计

城市绿地是用以栽植花草树木和布置配套设施的用地，它是构成城市环境的重要物质要素，是反映城市生态质量、城市生活质量和城市文明程度的标志之一。城市绿地可以是保持相当程度的原生态形式，也可以是通过人为的修饰与布置而呈现人工化的自然状态。后者如公园绿地，是对城市形象、景观环境和休闲活动等具有积极作用的绿化区域。在城市绿地景观中设计一些有特色的城市家具不仅可以满足人们在休闲时的实用需要，而且可以给城市的绿地景观带来新的亮点。这类公共家具包括公园的休息座椅、指示牌、休闲亭廊、垃圾筒、庭院灯、游览导视牌等。其设计风格可以有很大的发展空间，根据不同的主题公园内容，设计师可以自由发挥想象，设计出具有特色的公园景观特色家具（见图7-27至图7-36）。

图 7-27　美国海龟公园的休息椅

图 7-28　美国公园中的具有纪念意义的休息椅

图 7-29　日本公园中的带休息座的门洞

图 7-30　日本公园中的长条形座椅

图 7-31　美国佛罗里达海滩公园内的儿童游乐家具组合

图 7-32　广州陈家祠特色的休息座设计

图 7-33　美国佛罗里达海滩的景观休息椅

图 7-34　美国佛罗里达州某海边的休息椅和亭子及
　　　　　烧烤用的炉架

图 7-35　华盛顿博物馆后庭中的铸铁座椅

图 7-36　佛罗里达路边的大理石座椅

第八章
家具设计的程序和创意表达......

PROCESS AND CREATIVE EXPRESSION OF FURNITURE DESIGN

Furniture
Design (The Second Edition) ◀ ◀ ◀ ◀

◀ ◀ ◀ ◀

家具在人们的生活资料中是不可缺少的组成部分。我国家具经历了很长的历史发展过程，但是家具设计作为一门学科还不完善。我国的家具生产一直采用手工业生产方式并延续了很长一段时间，生产与设计交融在一起，生产者就是设计者，未能形成家具设计与制造工艺体系的分离。如今，大工业化的生产方式使得家具的设计和生产分离，家具制作成了有步骤、有规划的生产过程。家具企业的设计、制作、施工不是少数几个人能完成的，它需要经过多道工序、甚至多种专业相互配合，并以现代化生产流程的方式来完成。

家具设计建立在工业化生产方式的基础上，综合了功能、材料、经济和美学诸方面的因素。在设计程序上首先用图纸的形式表达家具的设想和意图，然后形成明确的家具设计施工图，并进行模型的制作，最后形成流水线作业的成品家具。

由于经济水平的不断提高，我国现代家具的设计与施工工艺都发展较快，对于家具设计中程序化和创意的表达也都越来越细化，家具设计行业在我国正在趋于更加专业化，它们与国际上的家具设计师和家具厂家有很多横向的联系，相信在不久的将来我国的家具设计行业在国际化竞争激烈环境中一定能够凸显出自己独特的一面。

第一节

家具设计程序 ≪≪≪

1. 绘制方案草图

方案草图是设计师对设计要求理解之后构思的形象表现，它是捕捉设计者头脑中涌现出的设计构思形象的最好方法。设计者需要绘制大量的设计草图，经过比较、综合、反复推敲，然后在大量的草图中选取较好的设计方案。绘制草图的过程，就是构思设计方案的过程。草图一般用徒手画的形式。这种方式速度很快，不受工具的限制，可以随心所欲，自然流畅，能将头脑中的构思充分、迅速地表达出来。这种方式对于家具比例结构的要求不很严格，但要注意尺度的把握，通常可以在有比例的坐标纸上覆以半透明的拷贝纸进行设计。作为草图还可以用铅笔、彩色铅笔、马克笔、水彩笔等来绘画表现，每种表现手法因人而异，选择自己习惯的方法即可。图8-1和图8-2是学生通过构思，并运用各种不同的表现方法绘制出来的家具设计草图。

2. 收集设计实施材料

草图的形式固定下来以后，家具的材料、工艺、结构必须进行综合考虑。广泛收集资料，包括各地的家具经验，此类家具的前沿发展动态与信息、工艺技术资料、市场销售与管理体制等，并将所有材料进行整理、分析与研究。这项工作设计师要认真对待，它是设计实施顺利进行的坚实基础。

3. 绘制三视图和透视图

这一阶段是将构思草图和收集的资料进一步综合融为一体，是使家具设计具体化的过程。三视图即按比例以正投影法绘制的正立面图、侧立面图和俯视图（见图8-3）。三视图应解决的问题是：第一，家具造型的形象比例按照严格比例绘出，并能看出它的体形、状态，以进一步解决造型上的不足与矛盾；第二，要能反映出主要的结构关系；第三，家具各部分所使用的材料要明确，对工艺的制作要求表达完整；此外，现代的家具设计还利用一

图 8-1　彩色铅笔表现的沙发透视图

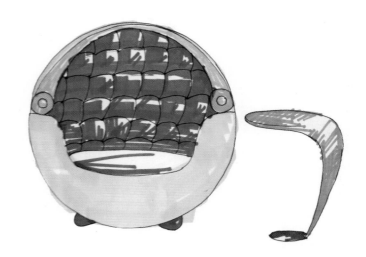

图 8-2　马克笔表现的沙发设计草图

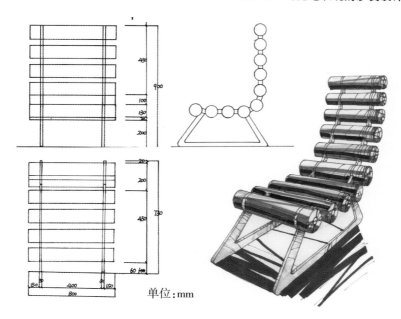

单位：mm

图 8-3　学生设计的休息椅子三视图

些家具设计软件进行设计，如 3ds Max、AutoCAD 等。由此便为更加准确的定位家具提供了良好的视觉空间感受条件，能显示出所设计家具更加真实生动的视觉效果。

4．模型制作

三视图和效果图可以体现家具的基本设计意图，但这些都是纸面上的东西，都是以一定的视点和方向绘制的，这就难免会出现不全面和假象的一面。因而，在设计过程中，使用简单的材料和加工手段，按照一定的比例（通常是 1：10 或 1：5），制作出模型是很必要的。模型制作，是设计过程中的一部分，是研究设计、推敲造型比例、确定结构方式和材料的过程。无需花过多的时间去制作得过于精细，只要能反映出造型、结构就可以了。模型具有立体、真实的效果，从多视点观察审视家具的造型，找出不足和问题，以便进一步解决，完善设计。结构方式和用材，也可以通过模型反映出是否合理、恰当，以寻求更多的设计意见。作为设计研究用的模型，制作目的要明确。在满足要求的前提下，越简单、越快捷越好，通过改进后的方案，同三视图进行不断对比，将家具设计的方案进行完善。模型的比例可以视家具的具体情况而定，制作方法和使用材料则可多种多样。通常在家具设计课程教学中，学生完成模型的制作这部分作业内容时，可以选择平时生活中的普通材质如硬纸板、各类布艺、海绵、丝绸、玻璃装饰物等（见图 8-4 至图 8-7）。

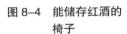

图 8-4　能储存红酒的　　图 8-5　椅子马克笔草图　　图 8-6　由纸板制作的带抽屉　　图 8-7　拉升后的座椅模型
　　　　椅子　　　　　　　　　　　　（设计者 刘菁）　　　　　　且能拉升的座椅　　　　　　　　（设计者 陈静）

5. 由构思开始直接完成设计模型

经过反复研究与讨论、不断修正，才能获得较完善的设计方案。设计者对于设计要求的理解，选用的材料、结构方式及在此基础上形成的造型形式，它们之间矛盾的协调、处理、解决，设计者艺术观点的体现等，这些都要通过设计方案的确定才能全面地得到反映。

设计方案包括：以家具制作方法表现出来的三视图、剖视图和透视图；设计的文字说明；模型。可以此向委托方征求意见，设计方案的数量可视具体要求而定。如果只需图纸和文字说明就足以满足要求，能够较全面地表达设计者的意图，则模型制作也可以省略。

6. 制作实物模型

实物模型是在设计方案确定之后，制作 1∶1 的实物。之所以称其为模型，是因为它仍具有研究、推敲、解决矛盾的性质。经过确定方案的全过程后，虽然许多问题已经基本上解决了，但是距离实物和成批生产还有一定的距离。造型是否满意，使用是否方便、舒适，结构是否简洁，油漆色泽是否美观等，都要在制作实物模型的过程中最后完善和改进。制作实物模型可以直接按照方案图纸进行加工制作，也可以在方案图与实物模型之间增加一个环节，就是绘制比例为 1∶1 的足尺大样图。1∶1 的足尺图是实物的足尺尺寸和具体的结构方式，因而，也就成为在动手制作实物前进一步加工确定设计的过程，有利于保证实物模型制作后的效果。足尺大样图是以三视图的方法绘制的，三视图可分开来用三张纸画，也可重叠在一起以红、蓝、黑三种颜色分别以三种视图的方法画。如果制作出来的实物模型比较完美，没什么需要修改的，则实物模型便成为产品的样品。产品的样品是设计的终点，样品具备了批量生产成品的一切条件。样品同时是绘制施工图、编制材料表、制定加工工序的依据，也是进行质量检查，确定生产成本的依据。

7. 家具生产图绘制

家具生产图是整个家具生产工艺过程和产品质量检验的基本依据。绘制家具生产图的方法是先画出家具装配图，再根据装配图画出家具部件图，最后画出制造各部件所需要的家具零件图。制图必须遵循我国轻工业部制定的《家具制图标准》。装配图是将一件家具的所有零部件按照一定的组合方式装配在一起的生产图样。部件图是介于装配图和零件图之间的图样，相当于家具的各个部件装配图。零件图是制造家具零件所需的生产图样。大样图是在家具生产过程中，为了适应有些复杂而不规则的曲线形零件的加工要求或有特殊造型要求的零件而准备的，通常用 1∶1 的比例画出它的实际尺寸图样。

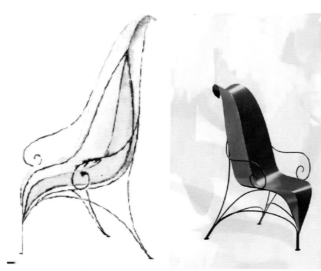

第二节

家具设计的创意与
表达方式

<<<

　　家具设计的过程是一个严谨的设计与探索过程。在这个过程中，一个好的创意显得尤为重要。特别是在构思阶段，根据客户的要求，设计师应充分结合家具的功能需求、结构特征、用料质感、色彩定位等多方面、全方位考虑。作为一个设计者还要有一定的文化素养，并对家具的历史、风格、各个地域的文化有所了解。在设计表达上要能形成一套熟练的创意表现技法体系，面对不同的家具设计类型，产生与众不同的设计表现方法。世界上的家具设计大师都有各自独到的设计表现方法，他们的家具草图灵活且具有艺术欣赏价值，很多著名家具设计师的设计草图都被艺术博物馆收藏。同时，在设计草图完成后，经过加工制作的家具实物也成为世界上各大家具博览会上的关注热点（见图8-8至图8-17）。

　　在当今的艺术设计院校的家具设计教学中应该多加培养学生的创新思维能力，特别是在围绕家具设计的基础课程中，结合学生所掌握的知识，布置一些有意义和开创性的家具设计作业，增强学生的创新意识和对家具设计全面知识的了解，从而在今后的室内外环境设计项目中能有效地运用家具设计的知识设计完美的作品。

　　在学生的家具设计手绘及创意表达方面，可以运用一些有特色的工具如马克笔、彩色铅笔、水彩、钢笔等进行自由交流。通过学生之间的家具设计模拟练习，可以锻炼眼力和对家具的尺度感的把握。这里收集了若干家具设计大师的方案构思图和实物作品，以及一些学生在家具设计课程中的构思草图、三视图和模型。通过表现和创意，读者可以了解家具设计创意阶段的基本过程和表现方法，从而提高认识和对家具的审美欣赏能力（见图8-18至图8-61）。

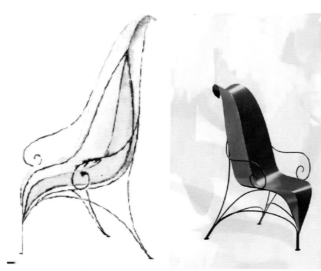

图8-8　Fabrizio corneli 用钢笔
　　　　淡彩表现的椅子

图8-9　设计实物

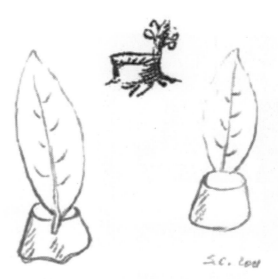

图8-10　Sergio Cammilli 的铅笔草图

图 8-11　具有创意的卧室成套家具草图(以花卉为此类成套家具的设计主题)

图 8-12　设计的公园休息椅实物

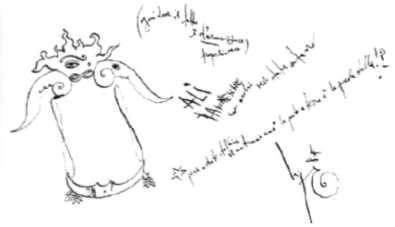

图 8-13　Mario Ceroli 设计的细节铅笔速写

图 8-14　设计的实物

图 8-15　Adolfo Natalini 的钢笔草图 (包括床罩上的图案设计)

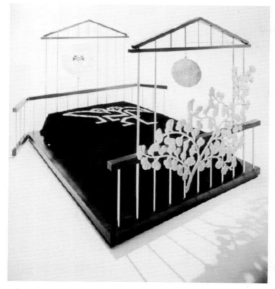

图 8-16　设计的实物

图 8-17　家具展示会上设计师设计的作品

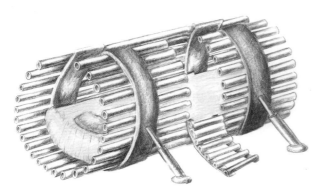

图 8-18　钢管床设计效果图（设计者　李想）

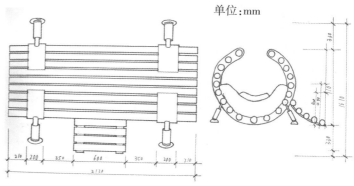

图 8-19　钢管床设计平面图及立面图（设计者　李想）

图 8-20　现代座椅设计（设计者　李想）

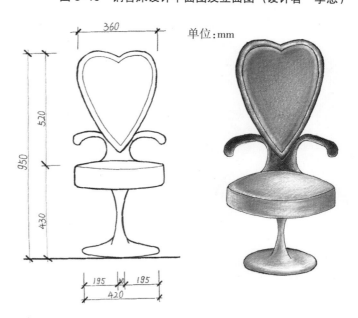

图 8-21　心形转椅设计（设计者　田曦）

图 8-22　篮形床（设计者　张捷）

图 8-23　昆虫形儿童床（设计者　杨喆）

图 8-24　蝴蝶座椅(设计者　李芬芬)

图 8-25　棒棒糖椅
（设计者　庄鹏丽）

图 8-26　蝎形椅（设计者　陈亮）

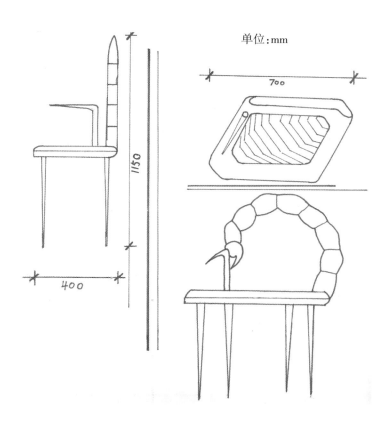

图 8-27　蝎形椅立面图（设计者　陈亮）

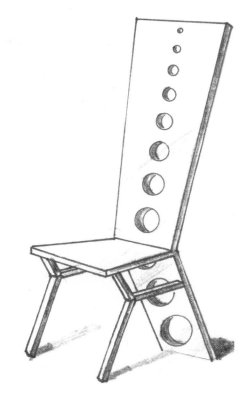

图 8-28　高靠背椅（设计者　陈亮）

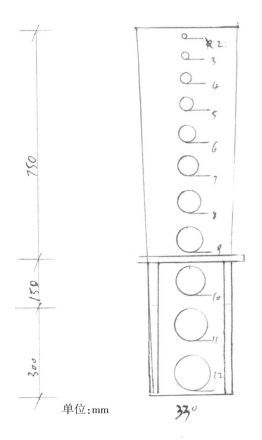

图 8-29　高靠背椅立面图（设计者　陈亮）

图 8-30　"G"形椅设计（设计者　吴帆）

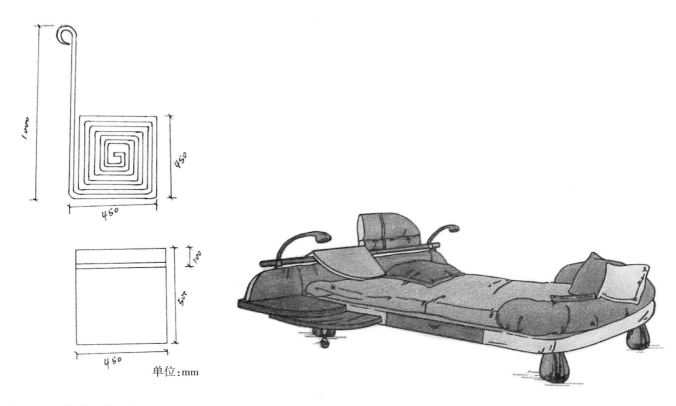

单位：mm

图 8-31　"G"形椅设计平面图和立面图
（设计者　吴帆）

图 8-32　双人床设计（设计者　吴路路）

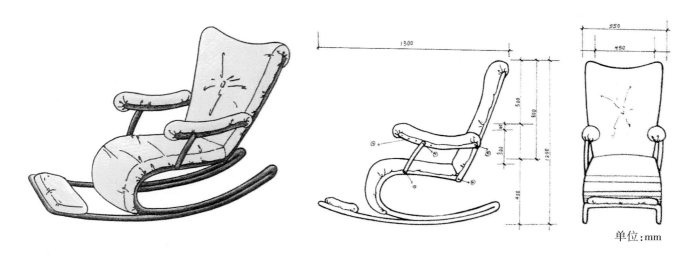

单位：mm

图 8-33　雪橇椅设计（设计者　吴路路）

图 8-34　雪橇椅立面图（设计者　吴路路）

图8-35　荷花形靠背椅（设计者　温香蕉）

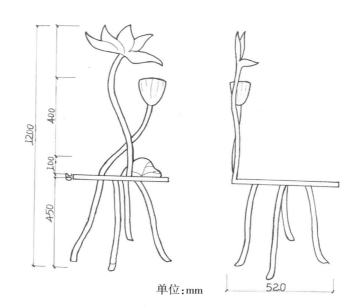

图8-36　荷花形靠背椅立面图（设计者　温香蕉）

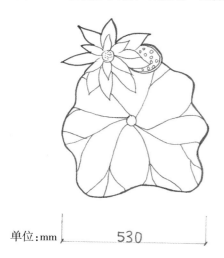

图8-37　荷花形靠背椅平面图（设计者　温香蕉）

图8-38　户外休闲椅（设计者　宋伟）

图8-39　西方复古风格床的透视图

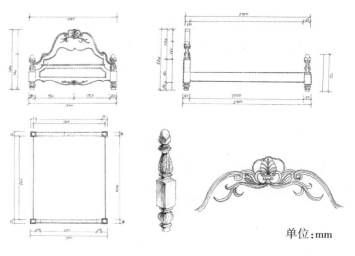

图8-40　西方复古风格床三视图及局部结构图

单位：mm

图 8-41　复古风格床的三视图及效果图

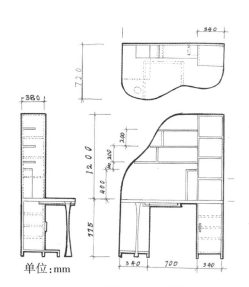

单位：mm

图 8-42　计算机桌三视图

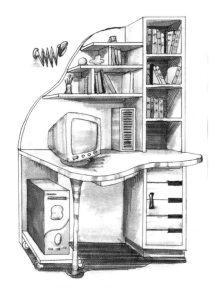

图 8-43　计算机桌效果图（设计者　段静）

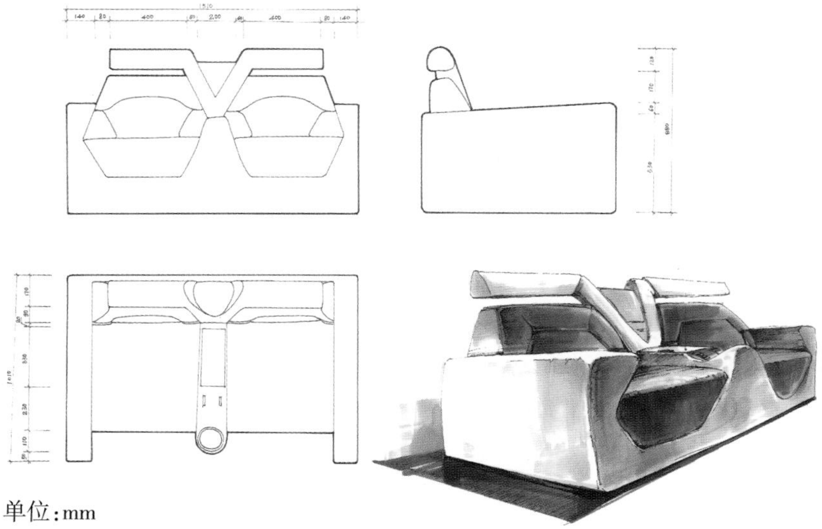

单位：mm

图 8-44　家庭影院沙发设计三视图及效果图（设计者　董鹄堃）

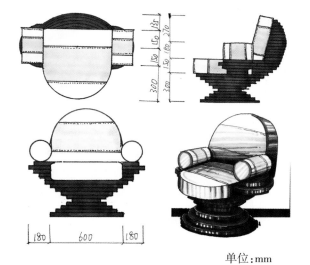

单位：mm

图 8-45　电脑椅设计三视图及效果图

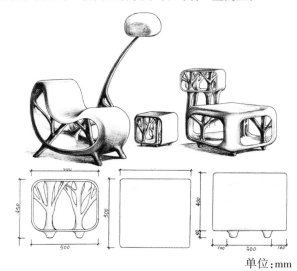

单位：mm

图 8-46　家具组合设计三视图及效果图

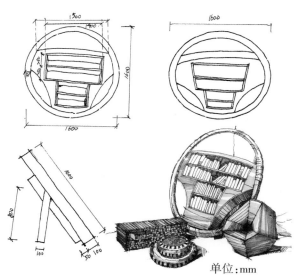

图 8-47　方向盘造型的 CD 架设计

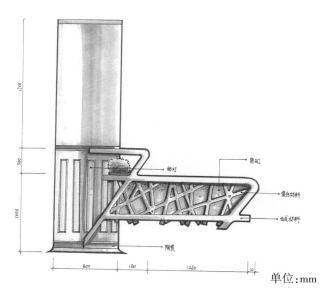

图 8-48　室内吧台与柱子立面图

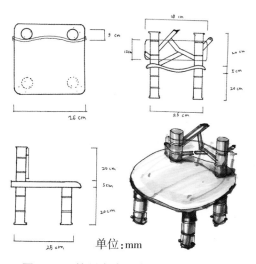

图 8-49　竹制座椅设计三视图及效果图

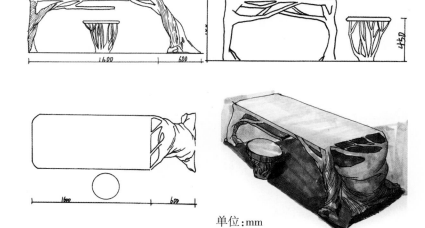

图 8-50　树干造型的茶几组合设计

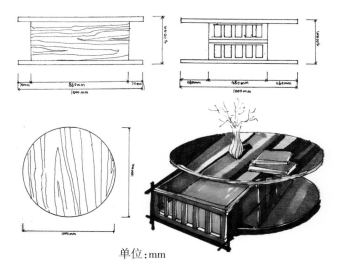

图 8-51　茶几设计三视图及效果图

图 8-52　组合设计效果图（设计者　董鹄瑞）

图 8-53 客厅沙发及茶几设计

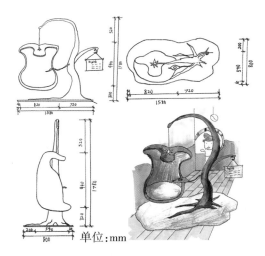

单位：mm

图 8-54 花型吊椅设计三视图及效果图

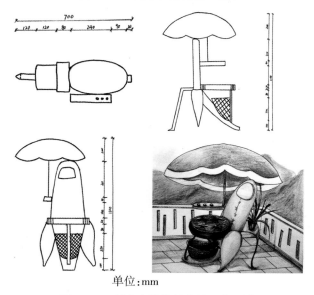

单位：mm

图 8-55 创意户外休闲桌椅组合设计

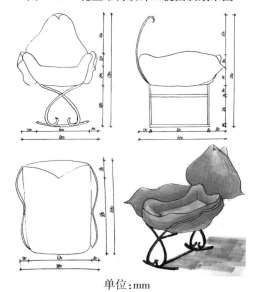

单位：mm

图 8-56 花型休闲椅设计三视图及效果图

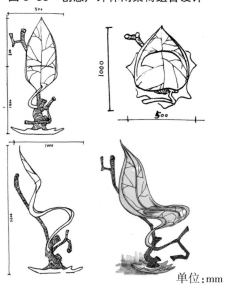

单位：mm

图 8-57 树叶造型的休闲椅设计

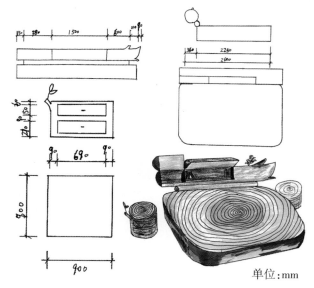

单位：mm

图 8-58 树干造型的家具组合设计

图 8-59　卧室中式休闲椅（设计者　袁蕾）

图 8-60　客厅沙发、屏风及灯具设计

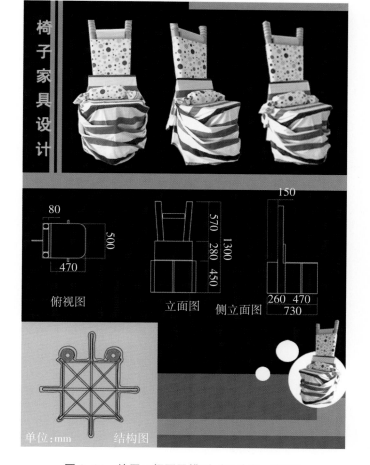

图 8-61　椅子三视图及模型（设计者　李赞）

参考文献（第二版）

Furniture Design(The second Edition)

BIBLIOGRAPHY

[1] 彭亮,胡景初. 家具设计与工艺[M]. 北京:高等教育出版社,2003.

[2] 李文彬. 建筑室内与家具设计人体工程学[M]. 北京:中国林业出版社,2002.

[3] 宋魁彦. 家具设计制造学[M]. 哈尔滨:黑龙江人民出版社,2006.

[4] 任仲泉,薛坤. 家具设计实务[M]. 南京:江苏美术出版社,2005.

[5] 李凤崧. 家具设计[M]. 北京:中国建筑工业出版社,1999.

[6] 周浩明,方海. 现代家具设计大师——约里奥·库卡波罗[M]. 南京:东南大学出版社,2002.

[7] 张福昌,张彬渊. 室内家具设计[M]. 北京:中国轻工业出版社,2001.